1+X 药物制剂生产职业技能等级证书配套教材

U0215680

药物制剂生产实训
（中级）

主编　邱妍川　韦丽佳　刘应杰

中国教育出版传媒集团

高等教育出版社·北京

内容提要

　　本书根据1+X药物制剂生产职业技能等级证书（中级）实操考核需掌握的知识和技能，以碳酸氢钠片和硫酸锌口服溶液生产流程为主线，主要介绍制备工艺、各岗位操作、质量检查等内容，同时融入文件管理、卫生管理和物料与产品生产过程管理等生产管理通用知识。

　　本书配套有一体化的数字资源，包括知识导图、PPT、视频、动画、知识拓展、实例分析和在线测试等，学习者可通过扫描二维码在线观看学习，也可登录智慧职教平台，在"1+X药物制剂生产实训（中级）"课程页面学习。教师可通过职教云平台一键导入该数字课程，开展线上线下混合式教学（详见"智慧职教"服务指南）。

　　本书可供职业院校学生及社会从业人员报考药物制剂生产职业技能等级证书（中级）学习使用，也可作为职业院校药品类和药学类相关专业教材，还可供药品生产企业在职员工及社会学习者参考。

图书在版编目（CIP）数据

　　药物制剂生产实训：中级／邱妍川，韦丽佳，刘应杰主编. -- 北京：高等教育出版社，2024.5
　　ISBN 978-7-04-060350-7

　　Ⅰ．①药… Ⅱ．①邱… ②韦… ③刘… Ⅲ．①药物-制剂-生产工艺 Ⅳ．①TQ460.6

　　中国国家版本馆CIP数据核字(2023)第062748号

YAOWU ZHIJI SHENGCHAN SHIXUN（ZHONGJI）

策划编辑	吴　静	责任编辑	吴　静	封面设计	张志奇	版式设计　张　杰
责任绘图	裴一丹	责任校对	王　雨	责任印制	赵义民	

出版发行	高等教育出版社	网　　址	http://www.hep.edu.cn
社　　址	北京市西城区德外大街4号		http://www.hep.com.cn
邮政编码	100120	网上订购	http://www.hepmall.com.cn
印　　刷	三河市春园印刷有限公司		http://www.hepmall.com
开　　本	787 mm×1092 mm　1/16		http://www.hepmall.cn
印　　张	19.5		
字　　数	410千字	版　　次	2024年5月第1版
购书热线	010-58581118	印　　次	2024年5月第1次印刷
咨询电话	400-810-0598	定　　价	52.00元

本书如有缺页、倒页、脱页等质量问题，请到所购图书销售部门联系调换
版权所有　侵权必究
物　料　号　60350-00

《药物制剂生产实训(中级)》编写人员

主　编　邱妍川　韦丽佳　刘应杰

副主编　刘艺萍　张慧梅　刘　巧

编　委（以姓氏笔画为序）

马　潋(重庆医药高等专科学校)

韦丽佳(重庆医药高等专科学校)

刘　巧(重庆医药高等专科学校)

刘艺萍(重庆医药高等专科学校)

刘应杰(重庆医药高等专科学校)

江尚飞(重庆医药高等专科学校)

李华锋(江苏恒瑞医药股份有限公司)

杨俊龙(重庆医药高等专科学校)

邱妍川(重庆医药高等专科学校)

张天竹(重庆医药高等专科学校)

张慧梅(重庆医药高等专科学校)

林凤云(重庆医药高等专科学校)

程明科(重庆药友制药有限责任公司)

管　潇(重庆医药高等专科学校)

"智慧职教"服务指南

"智慧职教"(www.icve.com.cn)是由高等教育出版社建设和运营的职业教育数字教学资源共建共享平台和在线课程教学服务平台,与教材配套课程相关的部分包括资源库平台、职教云平台和 App 等。用户通过平台注册,登录即可使用该平台。

● **资源库平台:为学习者提供本教材配套课程及资源的浏览服务。**

登录"智慧职教"平台,在首页搜索框中搜索"1+X 药物制剂生产实训(中级)",找到对应作者主持的课程,加入课程参加学习,即可浏览课程资源。

● **职教云平台:帮助任课教师对本教材配套课程进行引用、修改,再发布为个性化课程(SPOC)。**

1. 登录职教云平台,在首页单击"新增课程"按钮,根据提示设置要构建的个性化课程的基本信息。

2. 进入课程编辑页面设置教学班级后,在"教学管理"的"教学设计"中"导入"教材配套课程,可根据教学需要进行修改,再发布为个性化课程。

● **App:帮助任课教师和学生基于新构建的个性化课程开展线上线下混合式、智能化教与学。**

1. 在应用市场搜索"智慧职教 icve" App,下载安装。

2. 登录 App,任课教师指导学生加入个性化课程,并利用 App 提供的各类功能,开展课前、课中、课后的教学互动,构建智慧课堂。

"智慧职教"使用帮助及常见问题解答请访问 help.icve.com.cn。

总序

药物制剂生产职业技能等级证书是由江苏恒瑞医药股份有限公司牵头，联合重庆医药高等专科学校、国药太极西南药业股份有限公司、重庆药友制药有限责任公司和重庆华森制药股份有限公司等高水平院校和大型医药企业，贯彻落实《国家职业教育改革实施方案》《职业技能等级标准开发指南（试行）》要求，在全面调研医药行业发展与全国各区域药品生产企业生产核心岗位现状基础上，组织全国知名行业企业专家、职业院校专业教授共同开发制定的。该证书于 2021 年 4 月正式公布，填补了制药领域 1+X 证书的空白。为进一步推进各试点院校积极开展"书证融通"课程体系建设，提高证书的获取率和通过率，江苏恒瑞医药股份有限公司联合国内 40 家职业院校、医药企业、行业学会、信息平台的优质教学资源和培训资源，设计并组织了证书配套教材的编写工作。

配套教材的开发以《药品生产质量管理规范》(GMP) 为依据，以药物制剂生产职业技能等级证书规定的职业技能要求为基础，参考江苏恒瑞医药股份有限公司等先进制药企业标准，紧密结合企业用人实际，融合全流程智能化药品生产线中的新技术、新工艺、新规范，从"人、机、料、法、环"全过程规范化培养学生的药物制剂生产职业技能，对接口服固体制剂、口服液体制剂和无菌制剂生产等核心工作领域中的典型工作岗位，力求知识储备、技能训练、综合素质与行业发展、企业能力需求"零距离"对接。

配套教材的编写采用"互联网＋教育"理念，除传统纸质教材外，还包含丰富的知识导图、PPT、视频、动画、知识拓展、实例分析、在线测试等素材，基于物联网、5G 等技术，对接智慧职教等资源平台，打造纸质教材、在线课程和日常教学三位一体的新形态一体化教材体系，构建"以学生为中心"的双线环绕式学习空间，推进多元交互智慧教学。

配套教材基于真实工作场景编写，适配岗位需求，具有企业参与度深、内容贴近岗位职业能力、编写队伍强大、"三教"改革基础深厚、示范效应显著、配套资源丰富、纸质教材与在线资源一体化设计等鲜明特点，学生可在课堂内外、线上线下享受不受时空限制的个性化学习环境。希望本套教材的出版能够推动"书证融通"改革进程，促进教师教学和学生学习方式变革，更好地发挥学校、企业优质资源的辐射作用，服务于药学类人才培养质量与水平的不断提升。

江苏恒瑞医药股份有限公司

2023 年 1 月

前言

根据《国家职业教育改革实施方案》，为全面落实《关于在院校实施"学历证书 + 若干职业技能等级证书"制度试点方案》精神，有效、快速、平稳推进药物制剂生产职业技能等级证书的教学、培训和考核工作，江苏恒瑞医药股份有限公司联合证书考核总站点重庆医药高等专科学校、全国多所职业院校和医药生产企业，共同编写了1+X药物制剂生产职业技能等级证书配套教材，本书为其中之一。

《药物制剂生产实训（中级）》教材以党的二十大精神为指引，遵循药物制剂生产职业技能等级标准和1+X药物制剂生产职业技能等级证书配套教材编写要求，旨在使广大职业院校教师和学生、企业员工、社会学习者更好地掌握药物制剂生产职业技能等级考试实操部分的考核内容。

本书根据1+X药物制剂生产职业技能等级证书（中级）实操考核必备知识和技能确定编写内容，以碳酸氢钠片和硫酸锌口服溶液生产流程为主线，主要介绍工艺制备、各岗位操作、质量检查等内容，并融入文件管理、卫生管理和物料与产品生产过程管理等生产管理通用知识，以及安全生产、职业道德等内容，落实立德树人根本任务。同时，依托国家职业教育药学专业教学资源库平台，搭建在线课程，可实现线上线下混合式教学。纸质教材上配套的二维码数字资源包括知识导图、PPT、视频、动画、知识拓展、实例分析和在线测试等，可满足随时随地学习的需要，推进教育数字化。

本书的编写人员及分工如下：项目1、任务8.2由刘艺萍编写；任务2.1、任务5.1由张天竹编写；任务2.2、任务2.3、项目7、任务8.1由韦丽佳编写；项目3、任务4.1、任务5.8由邱妍川编写；任务4.2由李华锋、程明科共同编写；任务5.2、任务5.3由马潋编写；任务5.4由林凤云编写；任务5.5由江尚飞编写；任务5.6、任务5.7由刘巧编写；任务6.1由杨俊龙编写；任务6.2由刘应杰编写；任务9.1由张慧梅编写；任务9.2由管潇编写。其中，张慧梅还完成了项目5、项目6、项目8和项目9共计4个项目的项目描述、学习目标和知识导图的编写。

在编写过程中编者参阅了国内外相关文献，吸纳了国内职业院校近年来的教学改革经验及行业龙头企业的相关技术标准和创新成果，得到了职业院校教授学者、大国工匠、行业专家及高等教育出版社的大力支持和帮助，在此谨向这些单位及个人表示衷心感谢，也向本书所引用文献的作者表示诚挚的谢意。

因编者水平有限，疏漏不足之处在所难免，恳请读者批评指正，以利修订再版时改正和提高。

编者

2023年12月

目录

模块一　生产管理通用知识

模块二　碳酸氢钠片的生产

模块三　硫酸锌口服溶液的生产

二维码链接的数字资源目录

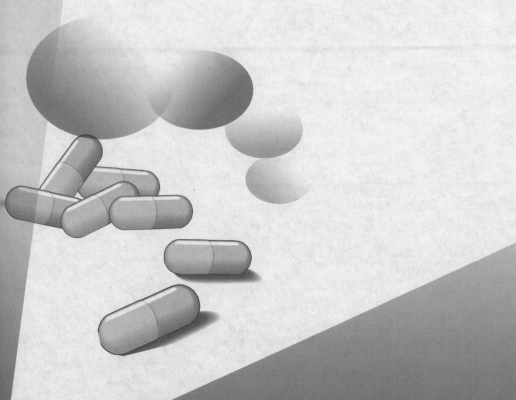

模块一　生产管理通用知识

项目 1
文件管理

>>>> 项目描述

　　文件是质量保证体系的基本要素。药品生产过程应符合《药品生产质量管理规范》（GMP）等相关的法定要求，规范所有的生产、管理操作及程序，因此需要制定相应的文件对其进行指导。当我们按照文件要求进行生产、管理活动时，还需留下各种记录，用于产品质量及生产过程的追溯。整个生产过程会应用并产生大量的文件，只有对这些文件进行科学、系统的管理，才能高效地管理整个生产过程，确保产品的质量。

　　本项目以药品生产质量管理过程中的各种文件为对象，介绍文件的类型及生命周期、文件管理的原则，重点介绍质量标准、工艺规程、批生产记录、批包装记录等主要生产文件的管理，使学员掌握主要生产文件的阅读、填写、修订等文件管理技能。

>>>> 学习目标

- **知识目标**
1. 掌握文件的分类及生命周期。
2. 掌握主要生产文件的编制程序。
3. 掌握批生产记录、批包装记录的正确填写。
4. 熟悉文件编制基本原则与要求。
5. 了解文件管理制度。

- **能力目标**
1. 能正确阅读药品生产管理过程中的各种规程。
2. 能正确填写药品生产管理过程中涉及的各种记录。
3. 能根据文件管理要求快速调阅文件。
4. 能按照文件修订程序对文件进行修订。

- **素养目标**
1. 培养规范管理文件的意识。
2. 强化填写文件时实事求是的工作作风和责任感。

>>>> 知识导图

　　请扫描二维码了解本项目主要内容。

知识导图：
文件管理

PPT:
文件类型与
周期认知

授课视频:
文件类型与
周期认知

任务 1.1 文件类型与周期认知

📁 知识准备

一、文件类型

文件是信息及其承载媒体。在药品生产质量管理中,文件是指一切涉及药品生产、管理的书面标准和实施过程的记录。药品生产企业的文件基本可以分为两大类:标准类和记录类(图 1-1)。

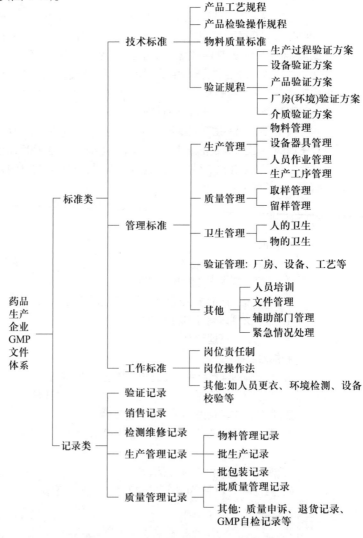

图 1-1 药品生产企业 GMP 文件体系

4

1. 标准类文件

根据标准内容不同主要分为技术标准、管理标准和工作标准3个方面。

（1）技术标准 技术标准是由国家或地方有关部门、行业及企业颁布和制定的技术性规范、准则、规定、办法、标准和程序等书面要求。如产品工艺规程、物料质量标准、生产过程验证方案等。

（2）管理标准 管理标准是对企业中重复出现的管理业务工作所规定的各种标准的程序、职责、方法和制度等。如安全生产管理制度、新员工培训上岗规定、上岗证发放管理办法、压力容器的管理制度等。

（3）工作标准 工作标准是指以工作为对象，对其涉及人员、工作范围、职责权限及工作内容考核所提出的规定、标准、程序等书面要求。工作标准包括各种岗位责任制、岗位操作法［含岗位标准操作规程（SOP）］等，如配料岗位操作法、剩余包装材料处理程序。

2. 记录类文件

这类文件主要用于反映实际生产过程中标准的实施情况及结果，或为产品质量追溯提供证据。根据内容及作用不同，可分为以下3种。

（1）各种记录 包括验证记录、销售记录、检测维修记录、生产管理记录、质量管理记录五大类。其中，生产管理记录又包括物料管理记录、批生产记录及批包装记录；质量管理记录又包括批质量管理记录及质量申诉、退货记录、GMP自检记录等。

（2）凭证 包括表示物料、物件、设备和操作室状态的单、证、卡、牌及各类证明文件等。如不合格品处理回单、岗位清场合格证、成品库卡、设备状态标识牌、中间产品流转证、中间产品不合格证等。

（3）报告 主要是对某些生产管理数据进行汇总、分析，给出结论、建议等，包括各种质量报告、工作总结报告、统计报表等。如成品检验报告、原辅料批评价报告书、产品质量统计月报表等。

二、文件的生命周期

生产管理各种文件的形成是伴随各项生产管理活动进行的，通常由企业各职能部门的工作人员根据岗位工作需要，遵循相应的程序、原则与方法，逐步形成。因此，文件也有生命周期，如图1-2所示。

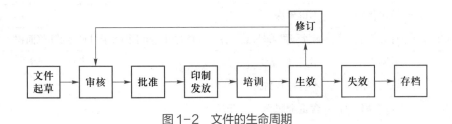

图1-2 文件的生命周期

 任务实施

▶▶▶ **标准类文件管理实例分析**

阿司匹林原料药质量标准与检验规程

技术标准——原料药质量标准	起草人:张三　日期:2021年10月1日
起草部门:质量控制室	审核人:王五　日期:2021年10月10日
颁发部门:质量管理部	批准人:李四　日期:2021年10月20日
文件编码:	生效日期:2021年10月22日
文件标题:阿司匹林原料药质量标准与检验规程	
分发部门:	

目的:建立阿司匹林原料药质量标准与检验规程,保证阿司匹林原料药质量。

适用范围:本规程适用于阿司匹林原料药入库检验,也适用于留样观察检验。

职责:质量控制人员、质量保证人员执行本规程,质量管理部负责人负责监督本规程的实施。

内容:

1. 技术标准

本标准引用《中华人民共和国药典》(以下简称《中国药典》)(2020年版)二部,见表1-1。

表1-1　阿司匹林原料药的质量指标

项目		标准
性状	一般性状	本品为白色结晶或结晶性粉末;无臭或微带醋酸臭;遇湿气即缓缓水解
	溶解度	本品在乙醇中易溶,在三氯甲烷或乙醚中溶解,在水或无水乙醚中微溶;在氢氧化钠溶液或碳酸钠溶液中溶解,但同时分解
鉴别	显色反应	应呈紫堇色
	光谱	本品的红外光吸收图谱应与对照图谱一致
检查	溶液澄清度	应澄清
	游离水杨酸	不得过0.1%
	易炭化物	不得更深
	有关物质	除水杨酸峰外,其他各杂质峰面积的和不得大于对照溶液主峰面积(0.5%)
	干燥失重	不得过0.5%
	炽灼残渣	不得过0.1%
	重金属	含重金属不得过百万分之十
含量测定		按干燥品计算,含阿司匹林($C_9H_8O_4$)不得少于99.5%

2. 准备工作

仪器试剂的准备。

1) 玻璃仪器:移液管、锥形瓶、碱式滴定管、试管、量瓶。

2) 氢氧化钠滴定液(0.1 mol/L)。

3) 乙醇(分析纯)、水杨酸对照品。

4) 酚酞指示液、三氯化铁试液、碳酸钠试液。稀硫酸、1% 冰醋酸的甲醇溶液、比色用氯化钴液、比色用重铬酸钾液、比色用硫酸铜液、乙腈-四氢呋喃-冰醋酸-水(20:5:5:70)、乙腈、醋酸盐缓冲液(pH 3.5)、中性乙醇。

3. 操作

(1) 鉴别

1) 取本品约 0.1 g,加水 10 ml,煮沸、放冷,加三氯化铁试液 1 滴,即显紫堇色。

2) 取本品约 0.5 g,加碳酸钠试液 10 ml。煮沸 2 min 后,放冷,加过量的稀硫酸,即析出白色沉淀,并产生醋酸的臭气。

3) 本品的红外光吸收图谱应与对照图谱一致。

(2) 检查

1) 溶液澄清度:取本品 0.50 g,加温热至约 45 ℃的碳酸钠试液 10 ml 溶解后,溶液应澄清。

2) 游离水杨酸:取本品 0.1 g,精密称定,置 10 ml 量瓶中,加 1% 冰醋酸甲醇溶液适量,振摇使溶解并稀释至刻度,摇匀,作为供试品溶液(临用新制);取水杨酸对照品约 10 mg,精密称定,置 100 ml 量瓶中,加 1% 冰醋酸甲醇溶液适量使溶解并稀释至刻度,摇匀,精密量取 5 ml,置 50 ml 量瓶中,用 1% 冰醋酸甲醇溶液稀释至刻度,摇匀,作为对照品溶液。照《高效液相色谱法标准操作规程》测定。用十八烷基硅烷键合硅胶为填充剂;以乙腈-四氢呋喃-冰醋酸-水(20:5:5:70)为流动相;检测波长为 303 nm。理论板数按水杨酸峰计算不低于 5 000,阿司匹林峰与水杨酸峰的分离度应符合要求。立即精密量取供试品溶液、对照品溶液各 10 µl,分别注入液相色谱仪,记录色谱图。供试品溶液色谱图中如有与水杨酸峰保留时间一致的色谱峰,按外标法以峰面积计算,不得超过 0.1%。

3) 易炭化物:取本品 0.5 g,照《易炭化物检查法标准操作规程》检查,与对照液(取比色用氯化钴液 0.25 ml、比色用重铬酸钾液 0.25 ml、比色用硫酸铜液 0.40 ml,加水使成 5 ml)比较,不得更深。

4) 有关物质:取本品约 0.1 g,置 10 ml 量瓶中,加 1% 冰醋酸甲醇溶液适量,振摇使其溶解并稀释至刻度,摇匀,作为供试品溶液;精密量取 1 ml,置 200 ml 量瓶中,用 1% 冰醋酸甲醇溶液稀释至刻度,摇匀,作为对照溶液;精密量取对照溶液 1 ml,置 10 ml 量瓶中,用 1% 冰醋酸甲醇溶液稀释至刻度,摇匀,作为灵敏度试验溶液。照《高效液相色谱法标准操作规程》测定。用十八烷基硅烷键合硅胶为填充剂;以乙腈-四氢呋喃-冰醋酸-水(20:5:5:70)为流动相 A,乙腈为流动相 B,按表 1-2 进行梯度洗脱;检测波长为 276 nm。阿司匹林峰的保留时间约为 8 min,阿司匹林峰与水杨酸峰的分离度应符合要求。精密量取供试品溶液、对照溶液、灵敏度试验溶液及水杨酸对照品溶液各 10 µl,分别注入液相色谱仪,记录色谱图。供试品溶液色谱

图中如有杂质峰,除水杨酸峰外,其他各杂质峰面积的和不得大于对照溶液主峰面积(0.5%),小于灵敏度试验溶液主峰面积的色谱峰忽略不计。

表 1-2　高效液相色谱法测定阿司匹林原料药有关物质的梯度洗脱程序

时间 /min	流动相 A/%	流动相 B/%
0	100	0
60	20	80

5) 干燥失重:取本品,置五氧化二磷为干燥剂的干燥器中,照《干燥失重检查法标准操作规程》测定,在 60 ℃减压干燥至恒重,减失重量不得过 0.5%。

6) 炽灼残渣:照《炽灼残渣检查法标准操作规程》检查,不得过 0.1%。

7) 重金属:取本品 1.0 g,加乙醇 23 ml 溶解后,加醋酸盐缓冲液(pH 3.5)2 ml,依照《重金属检查法(第一法)标准操作规程》检查,含重金属不得过百万分之十。

8) 含量测定:取本品约 0.4 g,精密称定,加中性乙醇(对酚酞指示液显中性)20 ml 溶解后,加酚酞指示液 3 滴,用氢氧化钠滴定液(0.1 mol/L)滴定。每 1 ml 氢氧化钠滴定液(0.1 mol/L)相当于 18.02 mg 的 $C_9H_8O_4$。

本品含阿司匹林的百分含量($X\%$)按干燥品计算,计算式如下。

$$X\% = \frac{V \times F \times 0.018\,02}{W} \times 100\%$$　　　　　　(式 1-1)

式中,F 表示氢氧化钠滴定液(0.1 mol/L)的校正因子;V 表示供试品消耗氢氧化钠滴定液(0.1 mol/L)的体积(ml);0.018 02 表示每 1 ml 氢氧化钠滴定液(0.1 mol/L)相当于 $C_9H_8O_4$ 的重量 *(g);W 表示供试品的重量。

4. 检验规则

(1) 阿司匹林原料药应由生产厂家的质量管理部按本质量标准与检验规程的要求进行检验,并附有标明产品名称、生产日期、生产企业和"合格"字样的检验报告书。

(2) 不得采购非定点供应商生产的阿司匹林。特殊情况时,应遵照《物料紧急非定点供应商采购管理规程》的规定办理。

(3) 每批阿司匹林原料药到库后,由仓储部门填写请验单,质量管理部派人员到现场取样。

(4) 质量管理部必须按本质量标准与检验规程的规定,对到库的阿司匹林原料药进行检验,判定是否符合本标准的要求。

(5) 一次到货的同一生产批号的阿司匹林原料药为一批。每批总包装数(n)≤3 时,每个包装均应取样;3<n≤300 时,抽取 $\sqrt{n}$ +1 个包装;n>300 时,抽取 $\sqrt{n}$ /2+1 个包装。取样量至少为一次全检量的 3 倍。取样操作应符合《取样管理规程》的规定。

(6) 入库的阿司匹林原料药除了应符合本质量标准与检验规程的要求外,还应符合《原辅料监控管理规程》规定。

---

* "重量"的规范术语为"质量",本书中与《中国药典》(2020 年版)一致,统一用"重量"。

（7）检验结果如有一项或一项以上项目不合格，应重新取样、重新进行检验。第二次检验仍有一项或一项以上项目不合格的，整批产品判为不合格。检验结果如符合本标准的要求，质量管理部应开具检验合格报告书，一式三份，仓储部门、使用部门和存档部门各一份。质量管理部同时发给与总包装数相等的合格证，由仓储部门粘贴在包装上。

5. 标识与贮存

（1）标识　本品外包装上应印有或粘贴牢固醒目的标识，内容应当注明产品名称、规格贮藏条件、生产日期、产品批号、有效期、执行标准、批准文号、生产企业，同时还需注明包装数量及运输注意事项等内容。

（2）贮存　本品应密封，在干燥处保存。贮存期超过 12 个月的阿司匹林原料药，使用前应按本质量标准与检验规程的要求重新进行检验，合格后方可使用。

请分析：

（1）这份文件属于什么类型的文件？

（2）如何绘制这份文件的生命周期图？（标明每个阶段负责的部门）

（3）总结此类文件的基本框架和格式。

实例分析：
阿司匹林
原料药质
量标准与
检验规程

 ## 知识总结

1. 在药品生产质量管理中，文件是指一切涉及药品生产、管理的书面标准和实施过程的记录。

2. 文件分为两大类：标准类和记录类。

3. 文件的生命周期从文件起草/修订、审核、批准、印制发放、培训、生效至失效、存档。

 ## 在线测试

请扫描二维码完成在线测试。

在线测试：
文件类型与
周期认知

任务 1.2　主要生产文件管理

 ## 知识准备

一、批生产指令

1. 批生产指令的定义

批生产指令是根据生产计划编制、经双人复核后，发放到车间，用于安排指导车间

PPT：
主要生产
文件管理

授课视频：
主要生产
文件管理

生产的计划性指令。其内容应包括:生产指令编号、产品名称、批号、规格、生产批量、生产时间等。为了明确生产本批产品用到的物料信息情况,一般还应包括含有物料名称、物料代码、物料批号、物料用量等信息的表格或记录,或者直接将这些物料信息加入批生产指令中。

2. 批生产指令的管理

批生产指令的原件和复印件均须有效控制,发放数量和去向均应有记录,做到可追溯。批生产指令由生产管理部门负责制定、审核、发放,且应由专人负责制定和发放,以防出现混乱、差错和给出重复的生产指令编号。接收部门也应由专人负责接收和传达生产指令,以确保每位操作人员和相关人员明确本批生产的产品名称、规格、批号、批量等信息。以上工作应在正式生产之前完成并通知到位,以确保各部门做好生产前的准备工作。

二、批包装指令

批包装指令的对象为待包装产品,内容包括待包装指令编号,产品名称、批号、批量、规格,包装规格、计划包装数量、包装材料名称及用量、包装时间等信息。批包装指令的管理与批生产指令的管理类似。

三、工艺规程

工艺规程是指为生产一定数量的成品而制定的一份或一套文件,包括产品名称、生产处方、生产工艺参数和条件、原辅料和包装材料的数量、包装操作要求、中间产品质量控制、注意事项等内容。

生产工艺规程是编制生产指令的重要依据,应具有专属性,即按照品种进行编制。如果是制剂生产,因许多工序的生产操作有共性,也可按照剂型进行编制,先说明此剂型生产中的共性操作,再针对每个品种分别阐明其具体要求,设计形成产品的工艺规程。

所有正规生产的产品都必须制定生产工艺规程,工艺规程的制定应当以注册批准的工艺为依据,由企业技术管理部门组织专人编写,质量保证部门负责人审核,企业负责人批准后颁布执行。在工艺规程中,起草人、审核人、批准人均应签字并注明批准执行日期。工艺规程不得任意更改;如需更改,应当按照相关的操作规程修订、审核、批准。工艺规程的修订一般不超过 5 年,修订稿的编写、审查、批准程序与初次制定时相同。常见药品生产工艺规程的内容形式如下。

1. 原料药生产工艺规程

原料药生产工艺规程包含 14 项主要内容。

(1) 产品名称及概述。

(2) 原辅材料、包装材料及质量标准。

(3) 化学反应过程及生产流程图。

（4）工艺过程（包括工艺过程中必需的 SOP 名称，以及需验证的工艺过程及说明）。

（5）生产工艺和质量控制检查（包括中间产品检查），中间产品和成品质量标准。

（6）技术安全与防火、环境卫生。

（7）综合利用与"三废"治理。

（8）操作工时与生产周期。

（9）劳动组织与岗位定员。

（10）设备一览表及主要设备生产能力。

（11）原材料、动力消耗定额和技术经济指标。

（12）物料平衡。

（13）附录（有关理化常数、曲线、图表、计算公式、换算表等）。

（14）附页（供修改时登记批准日期、文号和内容用）。

2. 制剂生产工艺规程

制剂生产工艺规程包含 16 项主要内容。

（1）产品名称、剂型、规格。

（2）处方和依据。

（3）生产工艺流程。

（4）操作过程及工艺条件。

（5）工艺卫生和环境卫生。

（6）本产品工艺过程中所需的 SOP 名称及要求。

（7）原辅材料、中间产品、成品的质量标准和技术参数及贮存注意事项。

（8）中间产品的检查方法及控制。

（9）需要进行验证的关键工序及其工艺验证的具体要求。

（10）包装要求、标签、说明书（附样本）与产品贮存方法及有效期。

（11）原辅材料的消耗定额、技术经济指标、物料平衡及各项指标的计算方法。

（12）设备一览表及主要设备生产能力。

（13）技术安全及劳动保护。

（14）劳动组织与岗位定员。

（15）附录（有关理化常数、曲线、图表、计算公式及换算表等）。

（16）附页（供修改时登记批准日期、文号和内容用）。

3. 中成药生产工艺规程

中成药生产工艺规程包含 18 项主要内容。

（1）产品概述。

（2）处方和依据。

（3）工艺流程图。

（4）原药材的整理炮制。

（5）制剂操作过程及工艺条件。

(6) 原辅材料的规格(等级)、质量标准和检查方法。

(7) 半成品的质量标准和检查方法。

(8) 成品的质量标准。

(9) 包装材料和包装的规格、质量标准。

(10) 说明书、产品包装文字说明和标识。

(11) 工艺卫生要求。

(12) 设备一览表及主要设备生产能力。

(13) 技术安全及劳动保护。

(14) 劳动组织、岗位定员、工时定额与产品生产周期。

(15) 原辅材料的消耗定额。

(16) 包装材料的消耗定额。

(17) 动力消耗定额。

(18) 综合利用和环境保护。

四、标准操作规程

标准操作规程(SOP)是经批准用来指导药品生产活动如设备操作、维护与清洁,验证,环境控制,取样和检验等的通用性文件。在某一生产岗位,将各环节的工作内容进行书面规定,并经一定的程序批准后,用于指导本岗位的所有操作,即为岗位操作法。岗位操作法与相应的 SOP 配套使用,可以确保每个人都能按照规程要求正确、及时地执行所在岗位的工作,进而确保产品的质量和个人的工作质量。

岗位操作法与 SOP 均应由车间技术人员组织编写,经生产技术负责人批准,报质量管理部门备案后执行。岗位操作法与 SOP 的修订周期不超过 2 年。修订稿的编写、审查、批准程序与初次制定时相同。各企业均应按照法规要求结合自身情况制定 SOP 模板,主要内容应包括标题、编号、版本号、颁发部门、生效日期、分发部门、制定人、审核人、批准人的签名及签字日期,正文及变更历史。

五、批记录

每批药品应有批记录,包括批生产记录、批包装记录、批检验记录和药品放行审核记录等与本批产品有关的记录和文件。批记录可用于追溯所有与成品质量有关的历史信息。批记录应由质量管理部门负责管理。

批生产记录由生产指令、各工序岗位生产原始记录、清场记录、物料平衡及偏差调查处理情况、检验报告单等汇总而成。

1. 批生产记录的管理

批生产记录应当依据现行批准的工艺规程的相关内容制定,记录的设计应当避免填写差错,批生产记录的每一页应当标注产品的名称、规格和批号。

原版空白的批生产记录应由生产管理负责人和质量管理负责人审核和批准。批生

产记录的复制和发放均应当按照相应的操作规程执行并有记录,每批产品的生产只能发放 1 份原版空白批生产记录的复印件。在生产过程中,应对每项操作及时记录,操作结束后,生产操作人员应对记录内容进行签字确认,并注明日期。

批生产记录可由岗位工艺员分段填写,生产车间技术人员汇总,生产部门有关负责人审核并签字。跨车间的产品,各车间分别填写,由指定人员汇总、审核并签字后送质量管理部门。该记录应具有质量的可追溯性,保持整洁,不得撕毁和任意涂改。若发现填写错误,应按规定程序更改。

批生产记录应按批号归档,保存至药品有效期后 1 年,未规定有效期的药品,批生产记录应保存 3 年。

2. 批生产记录的内容

批生产记录主要包含 10 项内容。

(1) 产品名称、规格、批号。

(2) 生产以及中间工序开始、结束的日期和时间。

(3) 每个生产工序负责人的签名。

(4) 生产步骤操作人员的签名;必要时,还应当有复核人员(如称量岗位)的签名。

(5) 每种原辅料的批号及实际用量(包括回收、返工产品的批号及数量)。

(6) 相应的操作行为、工艺参数及其控制范围。

(7) 主要生产设备的编号。

(8) 中间控制结果的记录及签名。

(9) 每个工序的产量及物料平衡计算。

(10) 偏差记录。

3. 批生产记录填写要求

(1) 记录填写要求　①空白记录应纸张完整,不得有污点、褶皱。②使用蓝色或黑色钢笔、圆珠笔、签字笔按要求逐项填写,同一页记录不得有 2 种不同颜色的相同笔迹。③及时填写、字迹清晰、内容真实、数据完整。④当空格中无内容可填写时,用"—"表示,不能留空或填写其他符号。⑤页面保持整洁,不得有油污、斑点或其他与记录无关的符号,不得撕毁和任意涂改。若填写错误,应按照规定程序更改,用"—"将错误项划去,填上正确的记录,并在旁边签注姓名和日期,原数据必须清晰可辨。⑥每一页最多允许有 3 项错误更改,超过 3 项应重新更换空白记录进行填写。⑦操作人及复核人须签全名,字体端正可认;日期格式:×× 年 ×× 月 ×× 日。⑧计量单位、符号等应符合法定计量单位和国家标准的规定。

(2) 记录中数据的处理　①记录中数据的计算处理过程应完整呈现,严禁只有结果,无过程。②数据的保留位数应根据实际情况决定,有效数字最多只能保留 1 个不定数。③计算过程中数据的取舍采用"四舍六入五成双"规则。尾数 ≤4 则舍,尾数 ≥6 则入,尾数 =5 时,若 5 前面为偶数则舍,为奇数则入,当 5 后面还有不是零的任何数时,无论 5 前面是偶数还是奇数皆入。④计算过程中的有效数据保留位数,比计算前小数

点后有效数字位数最少的多一位;计算结果的有效数据保留位数,与计算前小数点后有效数字位数最少的相同。

4. 批包装记录

批包装记录是该批产品包装全过程的完整记录,可以单独设置,也可以作为批生产记录中的一部分。

为了保证药品所用的标签、标示物和其他包装材料的正确性,应当制定严格的书面规程以准确定义所实施的包装作业,并记录整个操作过程,以保持包装质量的可控。批包装记录的管理与批生产记录的管理相同,批包装记录的内容应当包括以下几项。

(1) 产品名称、代码、规格、包装形式、批号、生产日期和有效期。

(2) 包装操作日期和时间。

(3) 每个包装工序的操作人员及包装操作负责人的签名。

(4) 每种包装材料的名称、代码、批号和实际用量。

(5) 各项包装的检查记录。

(6) 包装操作的详细情况,包括所用设备及包装生产线的编号。

(7) 所用印刷包装材料的实样,并印有批号、有效期及其他打印内容;不易随批包装记录归档的印刷包装材料可采用印有上述内容的复制品。

(8) 偏差管理中涉及的各种调查报告或情况说明等偏差记录。

(9) 所有印刷包装材料和待包装产品的发放、使用、销毁或退库的数量、实际产量及物料平衡检查的记录。

任务实施

▶▶▶ **主要生产文件管理实例分析**

阿司匹林片工艺规程

1. 产品名称及剂型

产品名称:阿司匹林片

汉语拼音名:Asipilin Pian

英文名:Aspirin Tablets

产品剂型:片剂

2. 产品概述

本品为2-(乙酰氧基)苯甲酸,其分子式为 $C_9H_8O_4$,分子量为180.16;本品含阿司匹林($C_9H_8O_4$)应为标示量的95.0%~105.0%。

(1) 性状　本品为白色片。

(2) 规格　0.5 g/片。

（3）类别 解热镇痛非甾体抗炎药,抗血小板聚集药。

（4）用法与用量 口服。成人一次1片,若发热或疼痛持续不缓解,可间隔4~6 h重复用药一次,24 h内不超过4片,儿童用量请咨询医师或药师。

（5）贮藏 密封,在干燥处保存。

（6）有效期 3年。

3. 操作过程及工艺条件

（1）备料

1）领料:从库房领取合格原辅料,送入车间称量暂存间。

2）粉碎过筛:将物料依次粉碎过筛(表1-3),过筛后再次称量,计算物料平衡,并严格复核。

表1-3 物料粉碎过筛目数

物料编码	原辅料名称	粉碎目数	过筛目数
××××	阿司匹林	100目	100目
××××	淀粉	—	80目
××××	枸橼酸	100目	100目
××××	滑石粉	—	100目

3）配料:见表1-4。

表1-4 物料配料总量

物料编码	原辅料名称	批配料量(12万片)
××××	阿司匹林	60 kg
××××	淀粉	5 kg
××××	枸橼酸	0.6 kg
××××	滑石粉	1.25 kg

（2）制粒

1）配浆:称取纯化水1 kg置配浆锅中,加入1 kg淀粉,搅拌使均匀,在搅拌下冲入9 kg纯化水加热至糊化,配成10%的淀粉浆作为黏合剂。

2）制湿颗粒:将60 kg阿司匹林粉、4 kg淀粉和0.6 kg枸橼酸粉投入高速混合制粒机中,干混4 min后,加入上述淀粉浆混合5 min,开机制粒。

3）干燥:将上述湿颗粒吸入沸腾制粒机中,使设定好工艺参数(加热温度为120℃±5℃,进风温度为75℃±5℃,物料温度为30℃±5℃)的冷空气通过初效、中效、高效过滤器进入加热室,经过加热器加热至进风所需温度后进入物料室,在引风拉动下物料呈流化态干燥45 min至水分为3%~4%时,停机出料。

4）整粒:将干燥后的颗粒加入快速整粒机中,用16目不锈钢筛网整粒。

（3）总混 将整粒后的颗粒转入三维运动混合机中,加入1.25 kg滑石粉,混合15 min。

将混合后的颗粒装入无毒塑料袋中,称量,附上桶签,转入中间站待验。

(4) 压片

1) 片重计算:阿司匹林颗粒检验合格后,根据颗粒中阿司匹林的含量确定素片的平均片重。

$$应压片重 = \frac{标示量}{颗粒主药含量} \qquad (式1-2)$$

2) 压片:用直径(ϕ)12 mm 的浅弧冲模压片,片重差异限度为 ±5.0%。压片机转速为 20 r/min ± 5 r/min,压力为 40~50 kN,每 20 min 抽查一次片重。

3) 筛片:将素片筛去细粉、残片,将加工好的素片装入无毒塑料袋中,称量,附上桶签,转入中转站待验。

(5) 包装

1) 包装规格:0.5 g/片 ×1 000 片/瓶 ×10 瓶/件。

2) 领料:从库房领取合格的内、外包装材料,专人领取,计数发放。

药品包装材料批耗用量见表1-5。

表1-5 药品包装材料批耗用量

物料类别	物料编号	物料名称	单位	计划耗用量
内包装材料	××××	阿司匹林片塑料瓶	套	120
外包装材料	××××	阿司匹林片说明书	张	120
	××××	阿司匹林片标签	张	120
	××××	阿司匹林片纸箱	个	12

3) 内包装:将检验合格后的素片按每瓶装 1 000 片在瓶装生产线上进行包装,要求瓶盖旋合严密,无破损及歪斜。将内包装好的药瓶经传递窗送入外包装间。

4) 外包装

打码:按批生产指令要求在标签和纸箱上打印批号、生产日期、有效期。

贴签:要求标签无歪斜、无褶皱、无破损;批号清晰、正确;瓶体清洁。

装箱:将垫板装入成品纸箱,再将药瓶装入;装好第一层后,再放入一垫板装第二层,满箱后,放入装箱单及说明书,用不干胶带封箱。

将所有成品全部寄库,待检验合格后,再办理入库手续。

4. 工艺流程图

阿司匹林片生产工艺流程见图1-3。

5. 质量监控

(1) 监控点 按生产工序设置监控点,不得遗漏。各监控点如下:粉碎过筛、配料、制粒干燥、压片、瓶内包装、外包装。

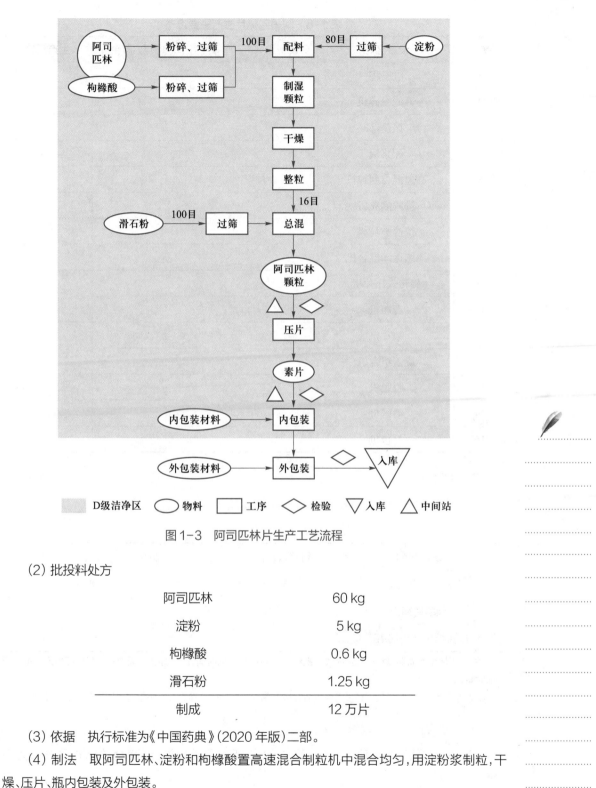

图1-3 阿司匹林片生产工艺流程

（2）批投料处方

阿司匹林	60 kg
淀粉	5 kg
枸橼酸	0.6 kg
滑石粉	1.25 kg
制成	12 万片

（3）依据 执行标准为《中国药典》（2020年版）二部。

（4）制法 取阿司匹林、淀粉和枸橼酸置高速混合制粒机中混合均匀，用淀粉浆制粒，干燥、压片、瓶内包装及外包装。

6. 主要设备

见表1-6。

表1-6 阿司匹林片生产主要设备

序号	设备名称	设备编码	型号	数量/台	生产厂家
1	电子秤				
2	万能粉碎机				
3	振荡筛				
4	配浆锅				
5	高速混合制粒机				
6	沸腾制粒机				
7	快速整粒机				
8	三维运动混合机				
9	旋转式压片机				
10	理瓶机				
11	数片机				
12	旋盖组合机				
13	收膜机				
14	喷码机				
15	打包机				

7. 生产周期

见表1-7。

表1-7 生 产 周 期

工序名称	粉碎、过筛	配料	制粒	压片	包装
工序生产周期/h[①]	3	2	4	8	8
检验周期/h					
产品批生产周期/h[②]					

注:①工序生产周期以在岗人员完成一批料(12万片)所需的时间计[工序生产周期=工序实际生产一批料所需的时间(h)]。

②产品批生产周期:指从原料投入到成品合格入库所需的时间。即为各工序生产周期之和加上检验周期。

8. 环境保护

(1) 废水的管理和处理 生产过程中产生的废水经处理符合国家排放标准后,排放入下水道。

(2) 废渣的管理和处理 生产过程中产生的废料统一转运到锅炉房焚烧。

(3) 废气的管理和处理 锅炉房及生产中产出的废气经处理符合国家排放标准后,排入

大气。

(4) 粉尘的管理和处理　对于粉尘较大的工序,车间应备有相应捕尘设施。

(5) 卫生工艺　生产开始前和生产结束后,人员、物料、设备、环境均须符合相关卫生管理程序要求,清场按《清场管理程序》及相关清洁 SOP 进行。

9. 技术安全及劳动保护

(1) 技术安全

1) 车间一般生产区及洁净区应有应急灯及紧急出口。

2) 生产区的人行道和车行道必须平坦、畅通,夜间要有足够的照明设施。

3) 劳动场所必须符合防火要求,并配备符合规定的消防设施和器材。

4) 生产设备不准超温、超压、超负荷和带故障运行。

5) 为防止和消除生产过程中的伤亡事故,应采取相应安全措施,进行安全培训。

(2) 劳动保护

1) 根据工种需要,应供给产尘岗位人员工作服、工作帽、工作鞋、手套、口罩、肥皂等劳动保护品,并适当配置防尘设施。

2) 机器和工作台等设备、设施的布置应便于岗位人员安全操作,通道宽度不应小于 1 m。

3) 操作间温、湿度应适宜,通风设备良好。

4) 洁净室内主要工作室光照度不低于 300 lx。

5) 保证洁净室内每人每小时新鲜空气量不少于 40 m³。

(3) 劳动组织定员定岗　劳动组织定员定岗要求见表 1-8。

表 1-8　劳动组织定员定岗要求

岗位名称	人数
粉碎、过筛岗位	2
配料岗位	2
制粒、干燥岗位	3
总混岗位	2
压片岗位	2
包装岗位	8

10. 技术经济指标的计算及原辅料、包装材料的消耗定额

(1) 单耗

$$单耗 = \frac{实际领用量 - 本批结存量}{本批实际产量} \qquad (式1-3)$$

(2) 原辅料、包装材料的消耗定额及技术经济指标　原辅料、包装材料的消耗定额以厂订阿司匹林片相应规格的单耗为基准;若消耗出现异常,应分析找出具体原因所在,做好记录,以便为以后修订提供依据。原辅料、包装材料消耗定额见表 1-9。

表1-9 原辅料、包装材料消耗定额

物料类别	物料编号	物料名称	单位	单耗（以万片计）
原料	××××	阿司匹林	kg	5
辅料	××××	淀粉	kg	0.42
	××××	枸橼酸	kg	0.05
	××××	滑石粉	kg	0.1
包装材料	××××	阿司匹林片塑料瓶	套	10
	××××	阿司匹林片标签	张	10
	××××	阿司匹林片说明书	张	10
	××××	阿司匹林片纸箱	个	1

（3）偏差处理 生产中若出现偏差，则按《偏差处理程序》进行处理。生产中产生的零头物料，按《零头处理标准操作规程》进行处理。

请分析：

（1）这份文件属于什么类型的文件？

（2）如果你是一位阿司匹林片压片岗位的操作人员，读完这个工艺规程你是否清楚你的工作内容和具体操作？是否还需要参考其他文件？如果需要，应是哪些文件？

（3）如果你是一位阿司匹林片内包装岗位的操作人员，读完这个工艺规程你是否清楚你的工作内容和具体操作？是否还需要参考其他文件？如果需要，应是哪些文件？

实例分析：
阿司匹林片
工艺规程

 ## 知识总结

1. 在药品生产企业中主要生产文件有批生产指令、批包装指令、工艺规程、标准操作规程、批记录。

2. 以上主要生产文件的编制、审核、批准、发放、使用、保存等都必须按照相应的规程进行管理，这对药品生产过程的控制及质量追溯具有极其重要的作用。

 ## 在线测试

请扫描二维码完成在线测试。

在线测试：
主要生产文
件管理

任务 1.3 文件编制

 知识准备

PPT：
文件编制

授课视频：
文件编制

一、文件编制基本原则与要求

GMP规定：文件是质量保证系统的基本要素。企业必须有内容正确的书面质量标准、生产处方和工艺规程、操作规程以及记录等文件。企业应当建立文件管理的操作规程，系统地设计、制定、审核、批准和发放文件。文件的内容应当与药品生产许可、药品注册等相关要求一致，并有助于追溯每批产品的历史情况。文件的起草、修订、审核、批准、替换或撤销、复制、保管和销毁等应当按照操作规程管理，并有相应的文件分发、撤销、复制、销毁记录。文件的起草、修订、审核、批准均应当由适当的人员签名，并注明日期。文件应当标明题目、种类、目的以及文件编号和版本号。文字应当确切、清晰、易懂，不能模棱两可。

为使文件的编制符合GMP要求，我们提出以下几点编制文件的基本要求。

1. 规范性

文件应有明确的标题，标明文件的性质，便于区分。文字应规范、简明、确切、易懂，避免含混不清的表达，应逻辑通顺。文件中提及的各种计量单位，均应使用国家法定和规定的计量单位。原辅料、中药材、成品名称应使用《中国药典》或国家药品监督管理部门批准的法定名，可适当附注商品名或其他通用别名。

2. 合法性

文件的内容应符合国家的相关法律法规，如《中国药典》《中华人民共和国药品管理法》《药品生产质量管理规范》等。

3. 可操作性

文件规定的内容应与企业的实际情况相匹配，确保是企业经过培训、提升能够实现的。

4. 系统性

各类文件应有系统的编码、统一的格式。文件的表头、术语、符号、字体、格式等应统一。不同文件中提到的相关内容必须一致。

5. 布局合理

如文件上需要记录、填写数据，在设计时应留有足够的空间。文字、段落布局应合理，便于阅读。

6. 严肃、准确

文件制定、审核、批准的负责人均应签字。应该使用统一打印的文件，禁止使用手

抄版本,防止发生差错。

7. 动态化

文件在使用过程中应不断完善、更新内容,定期对文件进行复核、修订,以符合法规变化,提高生产效率,提升产品质量。

对记录类的文件,在编制时应做到以下几点。

(1) 一致性　记录的内容与相应的标准内容相一致,关键数据必须在记录中体现出来。

(2) 合理性　需填写的空格的设计应与填写内容形式相适应,留有足够的空间,按照标准中的先后顺序设计空格位置。

知识拓展:
文件编制的
时效性

(3) 责任明确　设计时应确保每位填写人员都能签字确认,关键内容还应有复核人员签字。

二、文件编制程序

1. 文件的起草

文件应该主要由该文件的使用部门负责起草,文件的起草人员必须具备良好的专业素质,经过系统的 GMP 培训,掌握 GMP 的要求,具有丰富的实践工作经历,有较强的管理、合作、协调能力。如生产操作文件可以由生产部门的负责人、车间主任、工段长或工艺员起草,起草时应与部门相关的专业人员进行讨论,听取意见,总结后编写。检验操作文件则应由质量控制部门的质检主任或检验员起草。

2. 文件的修订

为适应生产技术的发展,药品生产企业应对文件进行定期审阅,及时修订,修订应按相应的程序进行。文件修订、审核、批准程序应与文件的初次制定程序相同。技术标准文件(如质量标准、检验规程、工艺规程等)应按照现行的《中国药典》或其他法定规范要求及时修订。文件一经修订,应立即对与该文件相关的文件做相应的修订。如主要生产设备发生更换,对应的设备标准操作规程就应该及时修订,涉及这个设备的岗位标准操作规程、药品生产工艺规程等文件都要进行修订。

当修订的文件生效后,旧版本文件自动失效,由文件管理部门公布撤销的文件名单,分发新版本文件的同时,应回收旧版本文件。在生产管理现场不能同时出现两个不同版本的文件。

3. 文件的审核与批准

起草或修订的文件必须先交由企业质量管理部门初审,再分发至与文件相关的部门审核并提交审核意见,然后由质量管理部门汇总后,返还至起草或修订部门进行调整,形成文件终稿进入批准环节。普通文件由相应的职能部门批准生效,报质量管理部门备案。与产品质量相关的重要文件须由质量管理部门相关负责人批准生效。文件内容如涉及整个生产线,须由总工程师或企业技术领导批准生产。例如,质量管理文件应由总经理批准,设备管理规程由分管设备的副总经理批准,工艺规程、质量标准、原始

空白生产记录等由质量管理部门经理批准。

4. 文件的归档保管

文件的归档包括过期文件、现行文件和各种记录的归档。对于回收的过期文件,根据文件内容的重要性,档案室或质量管理部门应留档保存 1~2 份,其余的清点数量后,在监督人员在场的情况下,按照规程全部销毁,并做好销毁记录。对于现行文件,管理部门保留 1 份现行文件或样本,并根据文件变更情况随时记录在案。对于各种记录,在记录完成后,整理、分类归档,保留至规定期限。对于企业不得自行修改,需提交药品监督管理部门申请的文件,如产品注册质量标准、产品批准文件等,应单独存放。与药品批次生产相关的各种生产记录、销售记录等应保存至少 3 年或保存至产品有效期后 1 年。批生产记录、用户投诉记录、退货报表等记录数据应定期进行统计评价,为质量改进提供依据。

三、文件格式与编码

1. 文件的格式

药品生产企业应根据自身实际情况,制定统一的文件格式,并有相应的文件进行规定。企业文件均应按照统一的格式标准进行起草、修订。

文件表头也应统一格式,内容至少应包括:文件标题、文件编码、起草人及起草日期、审核人及审核日期、批准人及批准日期,颁发部门、生效日期、分发部门。具体形式可参照表 1-10。

表 1-10　常见文件表头格式

文件类别:		起草人:		起草日期:	年　月　日
起草部门:		审核人:		审核日期:	年　月　日
颁发部门:		批准人:		批准日期:	年　月　日
文件编码:		生效日期:　年　月　日		总页数:	
文件标题:					
分发部门:					

文件正文部分通常会根据需要列出目的、原则、适用范围、职责、定义、标准依据等,然后是详细内容。

2. 文件的编码

在药品生产企业中,任何一份文件都应有一个与之对应的唯一的编码,用于识别这份文件的种类及内容类别。为了便于管理,文件的编码应符合以下原则。

(1)系统性　按照文件系统建立统一的分类、编码。

(2)准确性　就像每位公民都有独一无二的身份证号码一样,文件与编码也是一一对应的,当一份文件终止使用时,此文件的编码也随即作废,不得再次启用。

（3）可追溯性　制定的文件编码系统，应做到可任意调出某一文件，亦可随时查询文件变更的历史。

（4）稳定性　文件编码系统一经确定，不得随意变动，以免造成文件管理的混乱。

（5）相关一致性　如果文件经过修订，必须给修订后的文件新的编码，且对出现该文件编码的相关文件内的编码进行同步修订，相关文件也应同步修订，更换新的文件编码。

3. 文件编码系统

各企业可根据自身情况，制定文件编码系统，一般由相应的字母或数字组成。下面介绍的是常见的文件编码形式，供参考。

（1）标准类文件编码　标准类文件编码形式如图 1-4 所示，其中标准类型及代码见表 1-11，分类类别及代码见表 1-12。

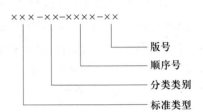

图 1-4　标准类文件编码形式

表 1-11　标准类型及代码

类型	代码
管理规程	SMP
标准操作规程	SOP
技术标准	STP

表 1-12　分类类别及代码

类别	代码	类别	代码
机构与人员	JG	文件	WJ
厂房与设施	CF	生产管理	SC
设备	SB	质量管理	ZL
物料	WL	产品销售与收回	XS
卫生	WS	投诉与不良反应报告	TS
验证	YZ	自检	ZJ

顺序号用 4 位数字表示，千位数表示分类别，后 3 位数表示顺序号。如分类别为 1、序号为第 6 号的文件，用 1006 表示。

版号用 2 位数字表示，如 01 为第 1 版，02 为第 2 版。代码、顺序号、版号之间用短线分开。

例如：SMP-SC-1005-01

"SMP-SC"表示生产管理规程；

"1005"表示分类别为 1、序号为第 5 号的生产管理规程；

"01"表示此文件为首次制定，是第 1 版。

"SMP-SC-1005-01"表示分类别为 1、序号为第 5 号的生产管理规程，此规程是首次制定的。

（2）记录类文件编码　记录类文件编码形式如图 1-5 所示。

记录类文件类型代码为 TBL。如果是管理规程，分类类别与顺序号与记录所在的文件号保持一致；如果是标准操作规程，在分类类别前面加"O"，即"SOP"中的"O"，代表这个记录是附在某个标准操作规程（SOP）中的一个记录表格文件。

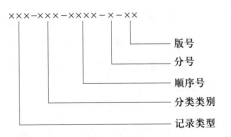

图 1-5　记录类文件编码形式

分号：分号一般用 1 位数字表示，代表这个记录在某文件相关记录中的编号，如 2 代表某个标准文件涉及的第 2 个记录。如果标准文件只有一个相关记录，1 可以省略。

版号：版号用 2 位数字表示，如 01 为第 1 版，02 为第 2 版。代码、顺序号、版号之间用短线分开。

例如：TBL-OSB-1006-3-02

"TBL"表示记录；

"OSB-1006"表示此记录在设备标准操作规程 1006 中；

"3"表示第 3 个相关记录；

"02"表示此记录文件是修订过的记录表格，为第 2 版。

"TBL-OSB-1006-3-02"表示：这是"SOP-SB-1006-02"即顺序为 1006 的设备标准操作规程中涉及的第 3 个记录表格，此表格为第 2 版。

例如：TBL-JG-1001-01

"TBL"表示记录；

"JG-1001"表示此记录在机构与人员管理规程 1001 中；

没有分号，说明此机构与人员管理规程只涉及这一个记录表格；

"01"表示此记录文件是首次制定的，为第 1 版。

"TBL-JG-1001-01"表示：这是"SMP-JG-1001-01"即顺序为 1001 的机构与人员管理规程中唯一的一个记录表格，此表格为第 1 版。

 任务实施

▶▶▶ **文件编制实例分析**

物料取样检验操作规程

文件名称	物料取样检验操作规程		文件编码	
起草人		审核人	批准人	
起草日期		审核日期	批准日期	
起草部门	质量控制部	总页数	生效日期	
颁发部门	质量保证部	分发部门	质量控制部、物料管理部、生产技术部	

目的:建立规范的物料取样检验操作规程,保证物料按标准取样,符合检验要求。

　　适用范围:原料、辅料、包装材料、中间产品、成品取样。

　　职责:质量保证(QA)人员负责对原料、辅料、包装材料、中间产品、成品按规定取样;收料员、库管员协助检验员取样。

　　内容:(此处略去具体内容)。

　　相关文件及记录:《物料管理规程》《留样观察管理规程》《取样记录》。

　　请分析:

　　(1) 设定此《物料取样检验操作规程》在相关类别文件中的顺序号为1010,且是首次编制,请为此文件编码。

　　(2) 如果此文件涉及的相关文件《物料管理规程》(文件编码为SMP-WL-1001-01)进行了修订,那么应对此《物料取样检验操作规程》采取什么措施? 这样做体现了文件编制的什么原则?

　　(3) 此文件在执行过程中要用到的记录文件是哪个文件? 请为该记录文件编码。

实例分析:
物料取样检
验操作规程

📋 知识总结

　　1. 文件编制应符合GMP的要求,应满足规范性、合法性、可操作性、系统性、布局合理、严肃准确、动态化等基本要求。

　　2. 记录类文件的编制应做到一致性、合理性及责任明确。

　　3. 文件编制的程序应有相应的操作规程进行规范管理。

　　4. 文件的格式应统一,并对每个文件进行系统的编码,且编码要做到一一对应,便于查阅、保存管理,做到可追溯,为产品质量的可追溯提供有效保障。

🖥 在线测试

　　请扫描二维码完成在线测试。

在线测试:
文件编制

项目 2
卫生管理

>>>> 项目描述

　　卫生管理通常包括人员卫生管理、生产区卫生管理、清场管理等内容。实际生产过程中，应严格遵循 GMP 要求，规范人员及生产区卫生管理，监督一切生产行为按照卫生管理文件执行，防止污染发生，确保药品质量。

　　本项目以生产车间卫生、人员进出、物料进出、洁净室清洁消毒、设备卫生要求为基准，按照生产环节顺序，介绍实际生产车间、人员、物料、环境等卫生要点，使学员掌握药品生产中人员、物料及生产区的卫生管理要求。

>>>> 学习目标

- **知识目标**
1. 掌握洁净服管理要求和进出不同洁净区的程序。
2. 掌握清场程序与要求。
3. 熟悉人员卫生健康要求。
4. 熟悉生产区卫生管理要求。

- **能力目标**
1. 能进行洁净服管理，按规定着装进入一般生产区和洁净区，按规定洗手。
2. 能进行清场操作及填写相关记录。
3. 能解决卫生管理中的常见问题。

- **素养目标**
1. 培养一丝不苟的人员卫生管理意识和行为习惯。
2. 树立科学严谨的生产区自我卫生管理目标和要求。
3. 强化对环境清场的责任意识和规范意识。

>>>> 知识导图

　　请扫描二维码了解本项目主要内容。

知识导图：
卫生管理

PPT:
人员卫生
管理

授课视频:
人员卫生
管理

任务 2.1　人员卫生管理

 知识准备

一、人员健康与卫生要求

药品生产中人员卫生是影响产品质量的重要因素,人是生产中最大的污染源,企业应建立满足生产要求的人员卫生管理制度,在药品生产过程中加强人员卫生管理,制定人员卫生相关操作规程,最大限度地降低人员对药品生产造成污染的风险。根据《中华人民共和国药品管理法》《药品生产质量管理规范》,人员卫生要求主要包括药品生产人员健康要求、药品生产人员卫生习惯要求、药品生产人员着装及卫生培训要求。

1. 药品生产人员健康要求

药品生产人员进入企业后必须建立健康档案,遵循"先体检后进厂"的原则,记录职工相关信息,包括药物过敏史、既往史和家族史等,直接接触药品的人员每年应进行健康体检,因岗位不同体检的项目有所不同,如验收员要求检测视力和辨色等,检查周期建议不超过半年。传染病、皮肤病患者和体表有伤口者不得从事直接接触药品的生产工作。

如药品生产人员出现腹泻、感冒、咳嗽、不明原因发热、头晕、耳鸣、眼花、浑身无力等可能影响产品质量或生产安全的疾病或症状,应在 1 h 内向主管领导汇报,主管领导要根据疾病或症状的严重程度,以及该员工的工作性质,立即采取继续工作、对其工作进行适当的调整或要求员工回家休养治疗等措施,直到员工病愈。出入疫情中高风险地区的人员要按照国家规定进行隔离检查;转岗及长期休假的人员在返岗前须进行相应项目的体检,检查合格后方可考虑重新上岗。

2. 药品生产人员卫生习惯要求

所有药品生产人员均应具有良好的卫生和健康习惯。药品生产人员应保持良好的个人卫生习惯,勤洗澡、勤理发、勤换衣,不得留长指甲和涂指甲油及其他化妆品。任何进入生产区的人员均应当按照规定更衣。工作服的选材、式样及穿戴方式应当与所从事的工作和空气洁净度级别要求相适应。工作服和工作帽必须及时更换,不得将与生产无关的个人用品和饰物带入车间。不得穿戴工作服、工作帽、工作鞋进入与生产无关的区域。

严禁一切人员在生产区及仓储区内吸烟和进食,禁止存放食品、香烟和个人用药品等非生产用物品。药品生产人员应自觉遵守各项卫生制度,养成良好的卫生习惯;操作人员应当避免用裸手直接接触药品、与药品直接接触的包装材料和设备表面。物流、

人流有各自的专用通道,禁止任何人员以任何理由交叉穿行。

3. 药品生产人员着装及卫生培训要求

任何进入生产区的人员均应当按照规定更衣,企业应当指定部门或专人负责培训管理工作,应当有经生产管理负责人或质量管理负责人审核或批准的培训方案或计划,培训记录应当予以保存。与药品生产、质量有关的所有人员都应当经过培训,培训的内容应当与岗位的要求相适应。除进行着装及卫生理论和实践的培训外,还应当有相关法规和相应岗位职责、技能的培训,并定期评估培训的实际效果。高风险操作区的工作人员应当接受专门的培训。参观人员和未经培训的人员不得进入生产区和质量控制区,特殊情况确需进入的,应当事先对个人卫生、更衣等事项进行指导,合格后经审批才可进入。

二、人员进出生产区程序

洁净区的工作人员应严格控制在最少人数,无关人员不得进入洁净区;所有进出洁净区的人员均按规定登记进出时间、人数等。洁净区的工作人员应养成良好的卫生习惯,如勤洗澡、勤修指甲和勤理发等。进入洁净区的人员不应戴手表与首饰,不能用散发颗粒的化妆品;应严格按照洁净路线和程序执行,穿戴洁净工作服(简称洁净服)、工作帽、口罩、工作鞋,头发、口、鼻、内穿衣物等不得外露。

1. 人员进入(出)一般生产区的净化操作流程

人员进入(出)一般生产区的净化操作流程见图 2-1。

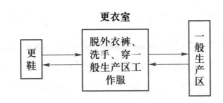

图 2-1　人员进入(出)一般生产区的净化操作流程

(1)更鞋　进入一般生产区的生产人员,坐在更鞋柜上,将鞋子脱下,放置于更鞋柜外侧柜,转身在内侧换上一般生产区工作鞋,进入更衣室。

(2)进入更衣室　在更衣室脱去外衣裤、摘除饰物等个人物品,放入柜内,进入缓冲洗手室洗手(七步洗手法)、烘干、戴工作帽,穿一般生产区工作服。

(3)进入一般生产区　在镜前确认穿戴无误后,进入一般生产区。

(4)离开一般生产区　按进入逆向顺序更衣(鞋)。人员进更衣室将一般生产区工作服脱下,放入"待清洁"标识的桶内;将一般生产区工作鞋脱下放入对应工位的鞋柜后,换上自己的鞋即可离开一般生产区。

2. 人员进入(出)不同洁净区的净化操作流程

(1)人员进入(出)D 级洁净区的净化操作流程　见图 2-2。

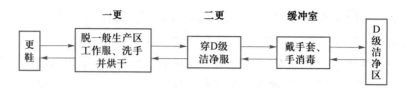

图2-2 人员进入(出)D级洁净区的净化操作流程

1) 更鞋：人员坐在更鞋柜上，将一般生产区工作鞋脱下放在更鞋柜外侧，转身从更鞋柜内侧鞋柜中取出与自己对应编号的D级洁净区工作鞋穿上，进入一更室。

2) 一更(脱外衣)：人员进入一更室，将一般生产区工作服存放于衣柜中，并戴上一次性帽子，确保头发全部被遮住。

3) 洗手池(洗手并烘干)：

第一步(内)，洗手掌：以流水润湿双手，涂抹洗手液(或肥皂)，掌心相对，手指并拢相互揉搓。

第二步(外)，洗背侧指缝：手心对手背沿指缝相互揉搓，双手交换进行。

第三步(夹)，洗掌侧指缝：掌心相对，双手交叉沿指缝相互揉搓。

第四步(弓)，洗指背：弯曲各手指关节，半握拳把指背放在另一手掌心旋转揉搓，双手交换进行。

第五步(大)，洗拇指：一手握另一手大拇指旋转揉搓，双手交换进行。

第六步(立)，洗指尖：弯曲各手指关节，把指尖合拢在另一手掌心旋转揉搓，双手交换进行。

第七步(腕)，洗手腕、手臂：揉搓手腕、手臂，双手交换进行。

4) 二更[穿D级洁净区工作服(简称D级洁净服)]：人员用肘部推门进入二更室后，从洁净服袋内取出与自己对应编号、有效期内的D级洁净服穿上，原则上由上至下完成穿戴。若D级洁净服为连体衣，应先戴口罩，再穿连体衣。

需遵守的原则如下：更衣操作时手尽量不接触洁净服的外表面；口罩要将口、鼻及腮部全部罩住，并且口罩带要系紧；内帽要尽可能将头发包住，并遮住眉部；连体外衣帽子的拉紧带要系紧，使身体尽可能少地暴露；在穿洁净连袜外裤时，一条腿穿上后直接穿上D级洁净区工作鞋，再穿另一条腿后，同样直接穿上D级洁净区工作鞋。注意洁净裤不要接触地面。人员在二更室穿好D级洁净服后，在镜前检查穿戴无误后，进入缓冲室。

5) 进入缓冲室：戴一次性手套，并将手套拉至盖住D级洁净服袖口；在自动手消毒器下使用75%乙醇再次对双手进行全面消毒，消毒方法是将手伸到自动手消毒器下方，手心向上，使喷淋器喷淋手心一次(消毒剂用量约2 mL)，然后手背向上，喷淋手背及手腕一次，再搓洗至消毒剂充分接触手部。

6) 进入D级洁净区：人员由缓冲室进入D级各操作室。

7) 人员出D级洁净区：D级洁净区穿戴的工作服、鞋、帽不得离开D级洁净区。

操作人员下班或中途离开洁净区时应按相反的程序进行更衣、更鞋,脱下的 D 级洁净服装在对应编号的洁净服袋中,放入专用的洁净服盛装桶中。

(2) 人员进入(出)C 级洁净区的净化操作流程　见图 2-3。

图 2-3　人员进入(出)C 级洁净区的净化操作流程

1) 更鞋:人员坐在更鞋柜上,将一般生产区的工作鞋脱下并放在更鞋柜外侧,转身从更鞋柜内侧鞋柜中取出与自己对应编号的 C 级洁净区工作鞋穿上,进入一更室。

2) 一更(脱外衣):人员进入一更室,脱去一般生产区工作服和袜子,脱至贴身内衣,存放于衣柜中。按七步洗手法洗手后烘干(眼镜同步洗涤烘干),进入二更室。

3) 二更(穿 C 级洁净服):人员进入二更室,在自动手消毒器下使用 75% 乙醇对双手进行全面消毒,即将手伸到自动手消毒器下方,手心向上,使喷淋器喷淋手心一次(消毒剂用量约 2 ml),然后手背向上,喷淋手背及手腕一次,再搓洗至消毒剂充分接触手部(戴眼镜人员,眼镜应消毒)。手消毒后,取下对应编号、有效期内的洁净服套,取出衣物,戴好无菌内帽,穿上洁净内衣,再次对手部进行消毒,按从上至下顺序穿 C 级洁净服。而后,在镜前确认穿戴情况,再进入缓冲室。

4) 进入缓冲室:进入缓冲室后,将无菌手套袋打开,取出无菌手套戴上,注意戴无菌手套时手不接触手套外侧,并将手套拉至盖住 C 级洁净服袖口。戴好无菌手套后,再次进行手消毒,经肘压打开室门进入 C 级操作区。应注意在 C 级洁净区进行配制、工器具组装及灌装过程中,需佩戴眼罩。

5) 人员出 C 级洁净区:操作人员出 C 级洁净区时,进入脱洁净服室,将套穿的洁净服脱下放入洁净服盛装桶中,将 C 级洁净区工作鞋放入工作鞋盛装桶中,手套脱在废弃物框内。应注意脱洁净服与穿洁净服不能在同一房间。

(3) 人员由 C 级洁净区走廊进入(出)B 级洁净区的净化操作流程　见图 2-4。

图 2-4　人员由 C 级洁净区走廊进入(出)B 级洁净区的净化操作流程

1) 更鞋:人员由 C 级洁净区走廊进入缓冲室前,坐于更鞋凳外侧,脱下 C 级洁净区工作鞋,换上 B 级洁净区工作鞋。

2) 进入缓冲室(戴第一层无菌手套):在自动手消毒器下使用 75% 乙醇对双手进行全面消毒,即将手伸到自动手消毒器下方,手心向上,使喷淋器喷淋手心一次(消毒剂用量约 2 ml),然后手背向上,喷淋手背及手腕一次,再搓洗至消毒剂充分接触手部。将无菌手套袋打开,取出无菌手套戴上,注意戴无菌手套时裸手不接触无菌手套外侧,并将手套拉至盖住 C 级洁净服袖口,进入更衣室。

3) 更衣(穿 B 级洁净服即连体无菌服):人员进入更衣室后,不脱 C 级洁净服,在自动手消毒器下使用 75% 乙醇再次对双手进行全面消毒。取出无菌衣袋内的无菌口罩戴上,口罩要将口、鼻及腮部全部罩住,并且口罩带要系紧。戴完口罩后,将连体无菌服取出,先将一只脚穿进连体无菌服相应位置处,此只脚落下时直接落在踏布上,抬起另一只脚,按同样方法穿进去。待双脚都穿进后,站立起来,将整个身体、手臂连同头部一起套在连体无菌服里,拉上拉锁,系紧系带。注意全过程不要使连体无菌服接触地面。手消毒后,穿上无菌鞋套。而后再次进行手消毒,戴上护目镜。面对穿衣镜自检,要求皮肤无外露。

4) 进入缓冲室(戴第二层无菌手套):人员手消毒后,取出无菌手套,按要求戴好,用无菌手套将连体无菌服袖口扎紧。再次进行手消毒后,进入 B 级洁净区进行生产操作。

5) 人员出 B 级洁净区:B 级洁净区穿戴的工作服、鞋、帽不得穿离 B 级洁净区。下班或中途离开洁净区时,操作人员进入脱洁净服室,将脱下的连体无菌服按编号装在洁净服袋中放入专用的洁净服盛装桶中,将袜套、鞋套和工作鞋装在拖鞋专用桶中。B 级洁净区操作人员每次从洁净区离开后,下次再进入,均按正常进入程序穿新的连体无菌服。所有需更换衣物均为一次性使用。

6) 其他注意事项:①操作过程中如果手套破裂或污染,应立即更换。②生产操作期间操作人员每 10~20 min 应用 75% 乙醇对手部进行一次消毒。③脱手套时,一手捏住另一手套腕部外面,翻转脱下。再以脱下手套的手插入另一手套内,将其往下翻转脱下。脱手套时勿使手套外面(污染面)接触到皮肤。如果操作过程中所穿的无菌服受到污染,应穿备用的新无菌服。④护目镜每月进行一次灭菌。⑤及时填写相关记录。

三、工作服管理

工作服材质:要求发尘量少,不脱落纤维和颗粒状物质;不起球,不断丝,质地光滑;不易产生静电,不黏附粒子,不易发霉;洗涤后平整、柔软,穿着舒适。洁净服还应具有良好的过滤性,保证人体和内衣的尘粒不透过,同时耐腐蚀,耐清洗,耐热压蒸汽灭菌。

一般生产区和控制区工作服选用棉质或涤纶材料;洁净工作服必须选用防静电纺

织材料。

一般生产区及控制区工作鞋不应产生臭气,应易清洗;洁净区工作鞋除应达到一般生产区工作鞋要求外,还应不产尘、不脱屑、防静电。

各生产区工作服的颜色、式样应按不同卫生级别要求明显区分,不能跨区域混用;工作服要对应工号进行编号(参观工作服除外),专人专用。工作服应以色彩淡雅、线条简洁为宜,尺寸大小应宽松合身。工作服应不设口袋、横褶、带子,边缘应封缝,接缝应内封,接缝处无纤维外露。洁净工作服的领口、袖口、裤口等要加松紧口,不应使用纽扣。无菌工作服必须包盖全部头发、胡须及脚部,并能阻挡人体脱落物。防护服还应考虑保护操作人员不受药物的影响。

1. 工作服清洗周期

(1)一般生产区 在冬季及空调环境下,工作服每周至少换洗一次;在夏季及无空调环境下或粉尘大的工序时,工作服每周至少换洗两次;工作鞋每周至少换洗一次。

(2)D/C级洁净区 洁净工作服每天或每班次换洗一次。

(3)A/B级洁净区 无菌工作服每次进出洁净区必须更换。

洁净工作服和无菌工作服的清洗周期,应经过企业验证后实施。

2. 工作服清洗要求

(1)不同生产区使用的工作服应分别洗涤、干燥、整理;洁净工作服和无菌工作服应在洁净区内分别洗涤、干燥、整理,配套装入衣袋中。

(2)工作服清洗、灭菌时不应带入附加颗粒物。

(3)一般生产区、D/C级洁净区的工作服最后一步清洗采用纯化水;A/B级洁净区的无菌工作服最后一步清洗采用注射用水。洗衣用洗涤剂应采用洗衣液。

(4)无菌工作服清洗后应集中灭菌,灭菌后做好状态标识,并注明灭菌有效期等信息。应对无菌工作服的灭菌效果进行验证。

3. 工作服清洗管理

(1)工作服应由专人负责清洗,专人保管,专人发放并登记,填写相关记录。

(2)各使用部门应将待清洗工作服分区域和类别整理好,放入专用容器密闭包装好送至洗衣中心收衣间,对需要灭活或预消毒的工作服应在送至洗衣中心前进行预处理。

(3)洗衣中心将各区域工作服分别洗涤、干燥、整理后放入易于区分的专用容器中,并做好状态标识。

(4)洁净工作服与无菌工作服应逐套分别装于衣袋中,衣袋上应标明工作服编号。

(5)洗涤前及清洗后整理时应检查工作服有无破损、拉链损坏、缝线脱落等;使用前应检查工作服是否符合要求,发现污染应及时报告并更换。

知识拓展：
洁净区内最
大的污染源
是"人"

4．工作服发放及更换周期

（1）一般生产区工作服首次每人两套，原则上每两年发一次（因磨损无法使用的以旧换新）。

（2）洁净区工作服根据工艺要求配备，出现不符合工艺要求的必须以旧换新。

 任务实施

▶▶▶ **人员净化实例分析**

实例分析：
人员净化

某药厂车间王主任在检查车间常规运行中发现，职工 A 有咳嗽症状，职工 B 和 C 在车间奔跑打闹，于是将当班组长及相关职工 A、B、C 当作生产检查典型事件违规人员在全厂进行通报批评。

请分析：

（1）身体不适的人员会造成哪些生产风险？

（2）洁净区为何不允许奔跑、打闹和做不必要的动作？

 知识总结

1．人员卫生要求主要包括 4 个方面：药品生产人员健康要求、药品生产人员卫生习惯要求、药品生产人员着装及卫生培训要求。

2．任何进入生产区的人员均应当按照规定更衣，参观人员和未经培训的人员不得进入生产区和质量控制区，特殊情况确需进入的，应当事先对个人卫生、更衣等事项进行指导，合格后经审批才可进入。

3．严禁一切人员在生产区内吸烟和进食，禁止存放食品、香烟和个人用药品等非生产用物品。

4．工作服的选材、样式及穿戴方式应当与所从事的工作和空气洁净度级别要求相适应。

在线测试：
人员卫生
管理

 在线测试

请扫描二维码完成在线测试。

任务 2.2　生产区卫生管理

PPT：
生产区卫生
管理

 知识准备

授课视频：
生产区卫生
管理

一、一般生产区工艺卫生管理

在 GMP 中一般生产区无洁净度要求,故工艺卫生主要从进入一般生产区的原辅料卫生、生产过程卫生、设备卫生、生产介质卫生、环境卫生等方面加强规范管理。具体要求见表 2-1。

表 2-1　一般生产区工艺卫生管理

卫生管理内容	卫生管理要求
原辅料卫生	① 原辅料、包装材料的包装完好,无受潮、混淆、变质、发霉、虫蛀、鼠咬等,各种标记齐全,有检验合格证,方可进入车间 ② 所使用的原辅料、包装材料等符合药品标准、包装材料标准或其他相关标准 ③ 原辅料存放在规定区域的垫板上,按品种、规格码放整齐,有状态标识 ④ 原辅料进入操作间前,应在除外包装室脱去外包装(不能脱去的外包装需擦拭干净),保证清洁、无尘,整齐码放在规定位置,不能随意堆放 ⑤ 不经洗涤使用的直接接触药品的包装材料应无残留粒子,无微生物污染,不与药品发生作用
生产过程卫生	① 各药品生产车间、工序、岗位应根据品种及生产要求建立相应的清洁规程并严格执行 ② 车间内不得存放与药品生产无关的物料或杂物 ③ 清洁器具及清洁剂、消毒剂应分别存放在卫生清洁间,以避免对药品生产造成污染 ④ 生产中使用的各种工具、容器应清洁,表面不得有异物、残留物。潮湿、高温地区(或区域)应注意防止发霉及微生物污染,不得有霉斑 ⑤ 各种工具、容器用后应立即按清洁规程清洗干净,不得有清洁剂、消毒剂的残留物,以免污染药品 ⑥ 生产操作间或流水线、设备及容器均应有卫生状态标识。更换品种时要严格执行清场制度,保证容器、设备、包装处于清洁状态
设备卫生	① 设备、管道应按规定操作、维修、保养规程定期检查、维修、清洗、保养 ② 产尘而又暴露的加工设备应加以封闭或遮盖,并有捕尘装置 ③ 设备主体应清洁、整齐。无跑、冒、滴、漏,做到轴见光、沟见底、设备见本色。设备周围要做到无油垢、无污水、无油污及杂物 ④ 设备表面与加工的物料接触不得发生反应,不得向加工物料释放出物质或吸附加工物料

卫生管理 内容	卫生管理要求
设备卫生	⑤ 设备使用的润滑剂或冷却剂不得与药品原料、容器、塞子、中间产品或药品本身接触。应将所有需要润滑的部位尽可能与设备和产品接触的开口处或接触表面分隔开,防止对药品产生污染 ⑥ 设备尽可能安装为可移动式,便于移动到清洁间进行清洁保养。不能移动的设备要在安装时充分考虑到利于就地清洁保养。设备及管道的保温层要求全部包扎平整、光洁,不得有颗粒物质脱落,并能承受冲洗清洁、消毒而不渗漏 ⑦ 根据管道涂色规定的要求对所有管道进行油漆涂色,标明输送的介质内容和流向。管道安装要充分考虑到清洁、消毒的方便,不得有盲端、死角。管道要留有消毒、清洁口,并有一定的坡度以保证排空。最好选用卡箍式快装管道,要求材质光滑,无颗粒脱落,不与介质发生反应 ⑧ 不用的工具不得存放在车间内,应存放在指定的工具箱内,码放整齐,由专人保管 ⑨ 制剂生产中使用的药材不直接接触地面。药材洗涤用流动水,用过的水不能洗涤其他药材,不同药材不在一起洗涤。洗涤及切制后的药材和炮制品不露天干燥 ⑩ 直接入药的药材粉末,配料前做微生物限度检查。中药材、中间产品、成品的灭菌方法不得影响质量。生产过程中应防止物料及产品所产生的气体、蒸气、喷雾等引起交叉污染
生产介质卫生	① 药厂水源为饮用水,应定期检测,保证其符合卫生部门饮用水标准。固体、口服液体制剂配制及容器、设备等最终洗涤用纯化水。纯化水应符合《中国药典》(2020年版)规定的纯化水标准。药材洗涤、提取及容器等初洗用饮用水 ② 与药品直接接触的干燥空气、压缩空气、惰性气体应经净化处理,符合工艺要求。管道灭菌的蒸汽使用纯蒸汽
环境卫生	① 药品生产企业所处环境的空气、场地、水质应符合生产要求,厂房周围应没有污染源,应远离其他工业区尤其是化工区、居民生活密集区、交通要道处等。厂区的地面、路面和运输等不应对药品生产造成污染。下水道和厕所应设置合理,不对环境带来负面影响。厂区的地面最好只有两种:绿地和发尘量小的地面如水泥地面。厂区的绿化面积不应低于50%,种植的树木应为四季常青的树种,不能产生花粉、绒毛、花絮 ② 厂房应保持清洁,清洁要求随不同洁净级别而定,应针对各洁净级别的具体要求制定清洁规程。生产过程中,必要时应进行清洁工作。所用清洁剂及消毒剂应经过质量保证部门确认,清洁及消毒频率应能保证相应洁净级别区的卫生环境要求 ③ 每个洁净级别区必须配有各自的清洁设备。清洁设备必须贮藏在专用的有规定洁净级别的房间内,房间应位于相应的洁净级别区内并有明显标记 ④ 清洁剂、消毒剂应不与设备、容器发生化学反应,不腐蚀设备,不产生微粒。消毒剂选用两种以上,轮换使用

二、洁净区工艺卫生管理

洁净区除了达到一般生产区工艺卫生管理的全部要求外,还必须达到以下几方面的要求。

1. 原辅料及工具的卫生

(1) 进入洁净区的原辅料、内包装及工具均要在物净室除去外表面的灰尘、异物后再进入缓冲间,在缓冲间脱去外包装后进入洁净区的贮藏室。

(2) 洁净区内使用的物料量应控制在生产所需的最低限度,洁净区内不得存放多余的物料及与生产过程无关的物料。

2. 生产过程中的卫生

(1) 每班生产工作必须等净化空调系统开机运行规定时间后,检查确认温度、湿度符合要求后才能开始。

(2) 对进入洁净区的非生产人员要严格控制和管理,严格控制洁净区的人数,严格执行非生产人员出入生产车间管理制度,并对经批准的非本生产区进出人员及时进行登记或记录。

(3) 洁净区内工作人员的操作应稳、轻,减少不必要的活动和交谈,以免对空气造成过多污染。在生产车间内,应保持安静,禁止跑、跳,以免带入灰尘。应随手关门,无特殊情况,禁止随意开门、开窗。

(4) 一批产品生产完成后,必须按清场管理制度进行清场,清场后要挂上"已清场"的状态标识。更换品种时,要严格执行清场制度,做到"四清",即容器清、设备清、包装物清、场地清,防止混淆和污染。相关人员应按照 SOP 清洁生产操作间及走廊,以保证清洁、干燥、整齐,并及时填写清洁记录。

3. 设备设施的卫生

(1) 生产前须将洁净区使用的直接接触药品的设备、容器、工具等按各自的消毒规程消毒后方可使用。生产中使用的各种器具应清洁,表面不得有异物、残留物、霉斑等。器具用完后应立即按清洁规程清洗干净,必要时灭菌后使用,并有详细记录。

(2) 产尘大的操作间应增设局部除尘设施,并应在该工序生产开始前 5~10 min 开启除尘设施。

(3) 洁净区的清洁器具必须采用不脱落纤维的材料,使用后按洁净区清洁器具清洁、消毒、烘干程序进行操作。清洁器具应存放在对产品不造成污染的指定地点,并限定使用区域。洁净区应有定期消毒规定,并严格执行,记录完整。

(4) 所有传递窗、传递门是洁净区与非洁净区之间的隔离设施,不得同时打开传递窗、传递门两侧的门。传递门不使用时要切断电源,防止非生产人员由传递门进入洁净区。

(5) 生产车间地面应无粉尘、积水、杂物、油污等,保持整洁、光亮。车间走廊、生产区内通道及生产区域要定时消毒,垃圾桶内无隔夜垃圾。墙面无尘土、杂物(蜘蛛网),无污迹附着,保持墙面光亮。墙上的电灯开关座和电闸箱内外清洁、无粉尘、无杂物。车间所有门窗框要求无灰尘、杂物,保持原有本色,玻璃要擦亮。天棚无粉尘、杂物、污迹附着,灯管、灯罩玻璃、通风口无粉尘,保持清洁、干净。

4. 带入洁净区物品的要求

容器、设备、工具的材料应为不产尘材料。如所用纸、笔均应不产尘,不能用铅笔、

橡皮;应用蓝色或黑色无尘笔,并按规定程序进行清洁、消毒后方可带入洁净区;严禁携带与生产无关的物品进入洁净区,包括食品、香烟、自己服用的药物、首饰、化妆品、手帕、手纸、钱包、打火机等。洁净区内的物品不得拿到非洁净区使用。

 任务实施

▶▶▶ **生产区卫生管理实例分析**

实例分析:
生产区卫
生管理

　　某药厂压片车间操作员小王因为家里有人生病了,所以将手机带入生产车间内,并不时查看。小王的行为被日常巡视的刘主任发现,随即当班组长和小王都被当作生产案例典型在全厂进行通报批评。

　　请分析:

　　(1) 哪些物品不能带入洁净区?

　　(2) 要带入洁净区的物品应该如何处理?

 知识总结

　　1. 在 GMP 中一般生产区无洁净度要求,故工艺卫生主要从进入一般生产区的原辅料卫生、生产过程卫生、设备卫生、生产介质卫生、环境卫生等方面加强规范管理。

　　2. 洁净区除了达到一般生产区工艺卫生管理的全部要求外,原辅料及工具均要在物净室除去外表的灰尘、异物后,再在缓冲间脱去外包装进入洁净区贮藏室;生产过程中应严格按洁净区要求,做好对进入洁净区非生产人员的严格管控、人员进出登记等;生产结束后,严格按照 SOP 进行清场。

 在线测试

在线测试:
生产区卫生
管理

　　请扫描二维码完成在线测试。

任务 2.3　清　场　管　理

PPT:
清场管理

　　 知识准备

一、清场基本要求

药品生产完成后,总会残留若干原辅料和微生物,如果这些残留物和微生物进入

授课视频:
清场管理

下批生产过程,必然产生不良影响。"清场"从字面上可理解为清理场地和清洁场地,它不同于平常的清洁卫生,但包括清洁卫生在内。清场是药品生产质量管理中的一项重要内容,其目的是防止药品生产中不同批号、品种、规格之间的污染和交叉污染事故发生,或者产生混批、混品种、混规格等现象。

清场至少应注意以下 4 个方面:一是确认无上次生产的遗留物,包括原辅料、半成品、成品、包装材料、剩余材料、散装品、印刷的标识物等;二是确认未遗留上次生产中的文件,包括生产指令、生产记录等书面文字材料;三是生产中的各种状态标识等应更换;四是清洁卫生工作。

生产操作人员应对所操作的设备、工作台面、工作现场进行清理,对清场的要求包括但不限于以下方面:①地面无积尘,无结垢,门窗、室内照明灯、风管、墙面、传递窗外壳无积灰,室内不得存放与生产无关的杂物。②使用的工具和容器应清洁、无异物,无前次生产的遗留物。③设备内外无前次生产遗留的药品,无油垢。④直接接触药品的设备及容器应每天清洗或清理。⑤当生产中需更换不同规格或型号时,应将操作现场、设备、周转桶清理干净,合格品与不合格品分类存放,并将多余的标签、标识物及包装材料按规定处理。⑥清场工作应有清场记录,记录应包括工序,清场前产品的品名、规格、批号、清场日期、清场项目、检查情况,清场人、复核人及其签字,清场记录应纳入批生产记录。⑦清场完毕并确认合格后,放置"已清场"标识。⑧停机或检修时,操作现场、设备均应清理干净。

二、设备、管道、工具与容器的清洁要求

1. 基本要求

(1) 使用后的设备、管道、工具、容器应及时清洁或消毒,应能保证经清洁后不对后续使用造成污染或交叉污染。设备、工具、容器的清洁程序应有明确的清洗方法和清洗周期。

(2) 应有明确的关键设备的清洗验证方法,清洗过程及清洗后检查的有关数据要有记录并保存。

(3) 无菌药品生产设备的清洗,尤其是直接接触药品的部位和部件必须灭菌,并标明日期,必要时要进行微生物学的验证。经灭菌的设备应在 3 天内使用。同一设备连续加工同一无菌产品时,每批之间要清洁灭菌;同一设备加工同一非无菌产品时,至少每周或每生产 3 批后进行全面的清洁。

(4) 生产设备、工具、容器的卫生应与生产区域卫生级别相适应,便于生产操作,易于拆洗、消毒和灭菌。某些可移动的设备移至清洁区进行清洁、消毒和灭菌,并按要求放置。不可移动的设备应按设备清洗 SOP 进行清洗,设备设计尽量采用自动化在线清洗或原位清洗(clean in place,CIP)。高级别洁净区药品生产采用的传送设备不得穿越较低洁净级别的生产区域。

(5) 对设备、管道、工具与容器清洁中使用的清洁剂和消毒剂的名称、浓度规定、配

制要求、适用范围及原因等要做出明确规定和要求。主要包括：每种清洁剂和消毒剂适用的物质、清洁环节；清洁作业所需的清洁剂和消毒剂的浓度、最佳使用温度；清洁剂和消毒剂发挥作用所需的作业参数，如搅拌力度、次数；清洁剂和消毒剂发挥作用需要的时间等。使用后的消毒剂不应对设备、物料和成品等产生污染。消毒剂应轮换使用，以保证消毒效果。

（6）对清洁中使用的清洗用水或溶剂应做出明确规定和要求，用于清洗设备的水和清洗用溶剂应不含致病菌、有毒金属离子，无异味。须根据设备、清洁器具、所用清洁剂等的要求，对用于设备清洗的水和溶剂中悬浮物质（矿物质等）的最低含量、可溶性铁盐和锰盐的浓度、水的硬度等做出定量的规定和要求。对清洗用水的取水点，建议进行定期消毒和微生物取样，并保存相关记录，确保清洗用水的安全可靠。须对清洁后的水和溶剂做无害处理，检测合格后方可进行排放，确保污水经处理后不会对环境造成污染。

（7）管道的清洁用水和清洁剂包括饮用水、2%NaOH溶液等。每批结束或更换品种时清洁；若超过3天再使用，须重新清洁；保存期限内，如发现管道内有异味或其他异常情况，应重新清洁。方法是先清除上批物料、文件及状态标识，用饮用水冲洗贮罐使贮罐内表面无可见残余物；再在贮罐中加入80 ℃以上饮用水，用泵连接管道进行循环清洗10 min；再用2%NaOH溶液循环冲洗管道20 min，排放；最后用工艺用水循环冲洗管道，直至冲洗液无色、无污物，pH接近工艺用水pH为止。易积淀污垢的管道、拐弯处等应拆开快装接头用毛刷等清洗，清洗完毕后，应打开最低阀门，将水排干，冲洗液应无色、无污物，pH接近工艺用水pH。

2. 不同种类设备、管道、工具与容器清洁及消毒要求

（1）对新的设备、管道、工具与容器规定详细的清洗步骤，在达到去污、除油、去蜡的效果后进行彻底清洁与消毒。

（2）对正常生产状态下的设备清洁与消毒方式进行定义，对不同类型、不同频次的设备清洁与消毒方式、方法进行规定。清洁过程可参考如下步骤进行规定：确定需清洁的污染物性质和类型→清除所有前一批次残留的标识、印记→预洗→清洁剂清洗→冲洗、消毒→干燥→记录→正确贮存和使用。

（3）对超过清洗有效期的设备、容器应按程序重新清洗。对于长时间放置重新启用的设备、容器需按照正常在线或离线清洗步骤做好彻底清洁与消毒。

（4）故障后维修好的设备需按照正常的在线或离线清洗步骤做彻底清洁与消毒。

（5）对特殊产品和设备的清洁与消毒方法、频次等做出规定，不同于正常清洁的需详细描述清洁过程各环节的工作方法和内容，包括动作要领、使用工具、使用的清洁剂和消毒剂、清洁需达到的标准等，确定每种清洁方式的验收标准。

（6）清洗站内用于清洁的设备、设施，其造型与设计应与生产设备要求一致。对清洗站用于清洁的设备、设施应定置管理并明显标识，不同区域（洁净级别不同、特殊产品等）的清洁设备、设施不能混用。

（7）已清洁设备贮存的环境温度、湿度、洁净级别等应与生产过程的环境保持一致，建议针对不同使用要求进行分区定置管理，必要时可采取密封、单间、专区存放等贮存形式，并制定严格的防止污染、交叉污染和混淆的措施。已清洁设备的状态标识应按照状态管理程序规定的要求进行，对清洁状态做出定义，并规定标识管理的内容，确定标识形式、标识内容。规定对已清洁设备在使用前清洁状态的检查方法，确保各类设备清洁与消毒的有效性。

三、中间站的清场要求

1. 清洁范围及频率

清洁范围包括室内门窗、玻璃、地面、灯具、天棚、容器等。清洁频率为每天清洁一次、每周大清洁一次，中间站每周消毒一次。清洁器具有抹布、拖布、毛刷、镊子、笤帚等。所用清洁剂及消毒剂为 0.2% 苯扎溴铵溶液（新洁尔灭）、5% 甲酚皂溶液。

2. 清洁方法

（1）每天上班后，用洁净湿抹布擦拭门窗、桌子、容器上的灰尘；用拖布擦地面，下班前整理室内药品，清扫地面。

（2）每周擦玻璃、墙面、灯具、容器、天棚等。

（3）中间站除按（1）、（2）清洁外，还要用 0.2% 苯扎溴铵溶液或 5% 甲酚皂溶液对室内门窗、地面进行消毒。

3. 清洁效果评价

中间站清洁后门窗洁净，地面无杂物、尘土，桌子、容器无灰尘；室内药品摆放整齐，并挂有标识卡；天棚无灰，吊灯明亮无灰尘。

4. 清洁器具的清洁与存放

用过的抹布用洗衣粉水洗后漂洗干净，再消毒后晾干，放清洁间指定地点。拖布用饮用水冲洗干净，必要时用洗衣粉清洗干净并晾干，放清洁间指定地点。

四、操作间的清场要求

1. 一般生产区的清洁与消毒

（1）清洁频率及范围　每天操作前和生产结束后各清洁一次，主要是清除废弃物并清洗废物贮器，擦拭操作台面、地面及设备外壁，擦拭室内桌、椅、柜等外壁，擦去走廊、门窗、卫生间、水池及其他设施上的污迹。每周工作结束后进行一次全面清洁，主要清洁内容有擦洗门窗、水池及其他设施，刷洗废物贮器、地漏、排水道等处。每月工作结束后进行全厂大清洁，清洁内容是对墙面、天棚、灯具、消防设施及其他附属装置除尘，全面清洁工作场所。

（2）清洁器具、清洁剂与消毒剂　一般生产区的清洁器具有拖布、水桶、笤帚、抹布、吸尘器、毛刷、废物贮器。清洁剂有洗衣粉、洗涤剂、药皂等；消毒剂采用 5% 甲酚皂溶液、75% 乙醇溶液等。

(3) 清洁、消毒方法　每班操作完毕,先按照清场标准操作规程进行清场,按照设备、工具、容器清洁规程清洁。整理操作台面和地面,将废弃物收入废物贮器,用以饮用水浸湿的洁净抹布擦拭各操作台面和侧面。用专用拖布浸饮用水擦拭(必要时可先用饮用水冲洗,然后再擦拭)地板。用以饮用水浸湿的洁净抹布擦拭墙壁和门窗、天棚,自然干燥,必要时借助登高工具或用适宜工具擦拭。地漏的清洁按照《地漏清洁消毒标准操作规程》执行。每周清洁后,用消毒剂对室内进行喷洒消毒,卫生间每天用消毒剂喷洒消毒一次。清洁完毕后,填写清洁记录。

(4) 清洁效果评价　现场无任何废弃物,无上次生产遗留物,用手擦拭任意部位,应无尘迹和脱落物。废物贮器完好,外表清洁。工作台面整洁,无肉眼可见污渍和尘埃,用净手触摸,无油污感。在工作光线下观察,手上不得染有油污和尘埃。地面无杂物、积水和肉眼可见的污渍。墙面、捕虫装置无肉眼可见的尘埃、污渍和真菌斑,墙角无蛛丝,用净手触摸,无油污感。玻璃应光亮透彻,无擦拭后水迹及任何残余痕迹。天棚、门窗、灯具等无肉眼可见的尘埃、污渍、真菌斑和蛛丝,不得有肉眼可见异物脱落。捕虫、鼠装置应每天检查并填写检查记录。

2. D 级洁净区的清洁与消毒

(1) 清洁频率及范围　每天生产操作前、工作结束后进行一次清洁,直接接触药品的设备表面清洁后再用消毒剂进行消毒。清洁范围包括清除并清洗废物贮器,用以纯化水浸湿的洁净抹布擦拭墙面、门窗、地面、室内用具及设备外壁污迹。每周工作结束后,进行一次全面清洁、消毒,清洁范围是室内所有部位,包括地面、废物贮器、地漏、灯具、排风口、天棚等。每月生产结束后,进行一次大清洁、消毒,包括拆洗设备附件及其他附属装置。根据室内菌检情况,决定消毒频率。

(2) 清洁器具、清洁剂与消毒剂　清洁器具有拖布、洁净抹布(不脱落纤维和颗粒)、毛刷、塑料盆。消毒剂(每月轮换使用)采用 0.2% 苯扎溴铵溶液、75% 乙醇溶液、5% 甲酚皂溶液、碳酸钠溶液等。

(3) 清洁、消毒方法　先物后地、先内后外、先上后下。用以纯化水浸湿的洁净抹布擦拭一遍,必要时用清洁剂擦去污迹,再用消毒剂消毒一遍。输液车间地面以纯化水冲洗为宜,以控制微粒;粉针车间使用的消毒剂以碱性为宜,以破坏头孢类药物残留物。

(4) 清洁效果评价　目检各表面应光洁,无可见异物或污迹。QA 人员检测尘埃粒子、沉降菌应符合标准。

3. C 级洁净区的清洁与消毒

(1) 清洁频率及范围　操作间每天生产前、工作结束后进行一次清洁、消毒,每天用臭氧消毒 60 min;清洁范围包括操作台面、门窗、墙面、地面、室内用具及其附属装置、设备外壁等。每周工作结束后,进行一次全面清洁、消毒,清洁内容是以消毒剂擦拭室内一切表面,包括墙面、灯具和天棚。每月室内空间用臭氧消毒 150 min,根据室内菌检情况,确定消毒频率。如倒班生产,两班清洁时间间隔应在 2 h 以上。

(2) 清洁器具、清洁剂与消毒剂　清洁器具有拖布、洁净抹布(不脱落纤维和颗粒)、

毛刷等。用于表面消毒的消毒剂有 0.2% 苯扎溴铵溶液、5% 甲酚皂溶液、75% 乙醇溶液等;用于空间消毒的有甲醛、臭氧等。消毒剂使用前,应经过 0.22 μm 微孔滤膜过滤。各种消毒剂每月轮换使用,消毒剂从配制到使用不超过 24 h。

（3）消毒方法　先将灭菌的超细布在消毒剂中浸湿,擦拭各台面、设备表面,然后用灭菌的不脱落纤维和颗粒的洁净抹布擦拭墙面和其他部位,最后擦拭地面。遵循先物后地、先内后外、先上后下、先拆后洗、先零后整的擦拭原则。操作室每天清洁后,按臭氧消毒规程对房间进行消毒。

（4）清洁效果评价　目检各表面应光洁,无可见异物或污垢。QA 人员对尘埃粒子、沉降菌进行检测,应达标准。

五、地漏的清洁与消毒

每个工作日下班前或每批生产结束后的清场过程中应对地漏进行清洁并消毒,清洁后应无味,无异物。常用的消毒剂有 0.2% 苯扎溴铵溶液、5% 甲酚皂溶液。清洁地漏时,不得将水封打开,以防止下水道内的废气倒灌入生产区。一般生产区先打开地漏盖板,用毛刷蘸取清洁剂将地漏盖板刷洗干净,用饮用水将表面的清洁剂冲洗干净,最后用大量饮用水将地漏内残存的污物冲入下水道内。高于 C 级的洁净区先用毛刷蘸取清洁剂将地漏槽、水封盖外壁刷洗干净,然后用大量纯化水将地漏槽内及水封外壁表面的清洁剂冲入下水道内。消毒时将配制好的消毒剂倒入地漏水封槽内,用毛刷将消毒剂均匀涂布于地漏盖板、地漏水封槽、水封盖板外壁表面。

六、清场的评价与合格证发放

1. 签发清场合格证的情形

签发清场合格证的情形包括:①日常生产结束后,清场合格。②生产或包装过程中更换品种或规格,已按规定清场。③重新清场合格后首次生产前或长期停产恢复生产前的前清场合格。

2. 清场合格证发放范围

清场合格证发放范围包括:①药品车间洁净区操作间,如称量间、浓配间、稀配间、灌封间、灯检间。②器械车间洁净区操作间,如精洗间、滤芯成型间、滤器焊接间、装配间、热合间。③非洁净区操作间,如灭菌间、冷却风干间、印字间、包装间。

3. 清场合格证发放程序

（1）现场检查　生产结束后,QA 人员按以下要求对操作间进行检查、评定,应符合要求:①无本批物料、记录遗留。②容器、工具已按相关清洁规程清洁,且归位。③仪器设备已清洁,并进行了状态标识。④地面、墙面已按规定清洁。⑤废料、不合格品已清出。

（2）发放　清场合格证一式两份,分正本（作为本批清场证据）与副本（作为下批清场有效期的证据）;当检查符合清场要求时,QA 人员及时填写清场合格证,清场合格证

正本发给该操作间操作人员,作为本批产品生产操作区已清场证据;清场合格证副本由 QA 人员固定在该操作间门上。

4. 清场合格证有效期

一般生产区,自清场之日起,有效期一般为 7 天;D 级洁净区,自清场之日起,有效期一般为 5 天;C 级、A 级洁净区,自清场之日起,有效期一般为 3 天。超过有效期后,生产前应重新清场。

 ## 任务实施

▶▶▶ **清场管理实例分析**

实例分析:
清场管理

某药厂口服液灌封车间操作员小陈当班上午发现车间内有一瓶不明液体,马上向当班组长汇报,经调查发现是昨天小李生产后遗留的废液忘记清出车间了。随后小李及昨天进行清场检查的 QA 人员被当作生产案例典型在全厂进行通报批评。

请分析:

(1) D 级洁净区的清洁清场应包括哪些内容?

(2) 清场时 QA 人员有哪些职责?

 ## 知识总结

1. 清场至少应注意 4 个方面:①确认无上次生产的遗留物料,包括原辅料、半成品、成品、包装材料、剩余材料、散装品、印刷的标识物等。②确认未遗留上次生产中的文件,包括生产指令、生产记录等书面文字材料。③生产中的各种状态标识等应更换。④清洁卫生工作。

2. 签发清场合格证的情形:①日常生产结束后,清场合格。②生产或包装过程中更换品种或规格,已按规定清场。③重新清场合格后首次生产前或长期停产恢复生产前的前清场合格。

 ## 在线测试

请扫描二维码完成在线测试。

在线测试:
清场管理

项目 3
物料与产品生产过程管理

>>>> ## 项目描述

  物料与产品管理涵盖了药品生产所需物料的购入，物料和产品的贮存和发放，以及不合格物料与产品的处理等环节。只有建立了规范的物料管理系统，才能使其流向清晰并具可追溯性，同时制定物料与产品管理制度，确保有章可循，最终才能保障物料与产品质量。

  本项目主要介绍物料与产品生产过程中发放和使用的通用管理，包括物料与产品信息和状态标识、发放原则，不合格品与废品处理流程等具体内容，为后续生产实例模块领料、中间站管理等环节操作提供理论依据。

>>>> ## 学习目标

- **知识目标**
1. 掌握物料信息标识与状态标识的组成或分类、使用。
2. 掌握物料发放基本原则。
3. 熟悉物料生产车间存放要求，物料平衡和收率的计算。
4. 了解不合格品和废品的处理流程。
- **能力目标**
1. 能进行物料与产品标识信息完整性审核。
2. 能监控生产车间物料存放和转运过程。
- **素养目标**
1. 培养严谨细致和求真务实的工作作风。
2. 树立对特殊物料与产品管理的守法意识。

知识导图：
物料与产
品生产过
程管理

>>>> ## 知识导图

  请扫描二维码了解本项目主要内容。

PPT：
物料与产品
发放管理

授课视频：
物料与产品
发放管理

任务 3.1　物料与产品发放管理

 知识准备

一、物料与产品信息标识和状态标识

物料系指原料、辅料和包装材料等。产品包括中间产品、待包装产品和成品。其中，中间产品系指完成部分加工步骤的产品，尚需进一步加工方可成为待包装产品；待包装产品系指尚未进行包装但已完成所有其他加工工序的产品；成品系指已完成所有生产操作步骤并最终包装的产品。

物料与产品标识是物料与产品管理的重要组成部分，其主要目的在于防止混淆和差错，从而避免物料和产品的污染及交叉污染，当物料与产品标识出现丢失导致其无法识别时，应按偏差程序处理。

1. 物料与产品信息标识要求

药品的质量基于物料，药品生产是物料加工转换成产品的过程。物料管理与产品管理程序基本相同，要保障和追溯药品质量就必须制定物料与产品名称、企业内部物料代码和批号等。

（1）原辅料标识的要求　GMP 规定贮藏区内的原辅料应当有适当的标识，并至少标明下述内容：①指定的物料名称和企业内部的物料代码。②企业接收时设定的批号。③物料质量状态（如待验、合格、不合格、已取样）。④有效期或复验期。用于同一批号药品生产的所有物料应当集中存放，并做好标识。

（2）中间产品和待包装产品标识的要求　中间产品和待包装产品应当有明确的标识，并至少标明下述内容：①产品名称和企业内部的产品代码。②产品批号。③数量或重量（如毛重、净重等）。④生产工序（必要时）。⑤产品质量状况（如待验、合格、不合格、已取样）。

（3）不合格物料、中间产品、待包装产品和成品标识的要求　不合格物料系指进厂后经检验不合格的物料；生产过程中发现的不能使用的物料；在库房贮存保管过程中由于养护不当造成的不合格物料；贮存期满，经复验不合格的原辅料和中间产品（包括正常生产中剔除的不合格产品）。不合格成品系指经检验不合格的产品及过有效期或经留样检验不合格的成品以及"产品撤回"的产品。只有经质量管理部门批准放行并在有效期或复验期内的原辅料方可使用，不合格物料、中间产品、待包装产品和成品的每个包装容器上均应当有清晰醒目的标识，在隔离区内妥善保存。

（4）包装材料标识的要求　每批或每次发放的与药品直接接触的包装材料或印刷

包装材料,均应当有标识,标明所用产品的名称和批号。

2. 物料与产品信息标识的基本组成

物料与产品信息标识的 3 个基本组成部分为名称、代码和批号。

(1) 名称　对于被《中国药典》收载的物料和产品,采用《中国药典》使用的物料和产品的名称;对于没有被《中国药典》收载的物料和产品,建议采用国际非专利名称(通用名称)作为物料和产品的名称;对于没有被《中国药典》收载和没有国际非专利名称的原辅料、产品、包装材料和其他物料,企业可按照内部规定的命名规则命名。原辅料应尽量采用通用名称或化学名称,若化学名称过长,可考虑使用商品名称。

(2) 代码　物料和产品应给予专一性的代号,相当于物料和产品的数字身份。物料代码通常采用字符串(定长或不定长)或数字标识。物料代码必须是唯一的,即一种物料不能用多个物料代码,一个物料代码不能用于多种物料。物料代码由企业根据自身的物料和产品情况,自行确定适合本企业的物料代码编写方式和给定原则。如物料代码 XXYYYYYY,前 2 位数字"XX"代表物料或产品的类别,后 6 位数字"YYYYYY"代表流水号。

(3) 批号　物料和产品应给予专一性的批号,满足物料和产品的系统性、追溯性要求。批号通常用数值标识或用字母 + 数字表示。需要强调的是,每批接收的原料、辅料、包装材料和每批产品都需要编制具有唯一性的批号;返工(除更换物料产品的内、外包装外)和再加工的物料与产品需要给定新的批号,以免产生混淆和差错。物料的名称、代码和批号,可以与条形码技术或射频识别(RFID)技术结合,进行计算机化存储管理。

3. 物料与产品状态标识

物料与产品的状态标识通常包括质量状态标识和类型状态标识。

(1) 物料与产品的质量状态标识　通常根据 GMP 要求将物料与产品的质量状态标识分为以下几种。①待验标识:通常为黄色标识,该标识表明所指示的物料和产品处于待验状态,不可用于正式产品的生产或发运销售。②不合格标识:通常为红色标识,该标识表明所指示的物料和产品为不合格品,不得用于正式产品的生产或发运销售,需要进行销毁或返工、再加工。③合格标识:通常为绿色标识,该标识表明所指示的物料或产品为合格的物料或产品,可用于正式产品的生产使用或发运销售。④其他状态标识:主要包括已取样标识和限制性放行标识,通常以绿底为标识,但是和正常合格标识有显著差异。通常,限制性放行的物料不用于商业批生产,而用于其他使用目的,例如物料没有完成全检,或者虽然已经完成工厂内部检验但官方的进口检验报告还没有拿到,则该批物料可以限制性放行。

(2) 物料与产品的类型状态标识　①物料周转标签:适用于车间内物料的周转,岗位生产操作结束后,物料周转容器上的标签通常需全部揭下,并附于生产记录中,空的容器转运到器具清洗间,按器具清洁规程进行清洗操作。②物料标签:标明此物料的名称、批号、数量、供应商、生产日期、有效期等身份信息。③中间产品标签:包含名称、

批号、毛重、净重、生产日期、生产阶段、操作人员和复核人员等中间产品信息。④成品标签:该标签粘贴于产品的大箱等最终包装容器上,通常包括名称、批号、规格、生产日期、有效期、包装数量、毛重、贮存条件等信息。⑤成品零箱标签:表明此外包装大箱或容器中装有产品但未装满或者其中装有两个不同批号成品。零箱标签与同批号整包装成品标签应该能够明显区分。⑥退货标签:表明产品为退货,和正常的产品有明显区别,通常包括退货名称、退货来源、物料代码、退货批号、退货接收批号、生产日期、有效期、接收人/日期等信息。⑦废料标签:表明此物料为废弃物。⑧剩余物料标签:表明此物料为生产过程中相关工序完成后剩余的物料,可继续使用。

二、物料与产品发放原则和要求

物料发放出库是一项细致而烦琐的工作,对于即将出库进入生产过程的物料要进行检查,以保证其数量准确、质量良好,只有经质量管理部门批准放行并在有效期或复验期内的物料方可发放与使用。

通常物料发放按照"先进先出(FIFO)/近效期先出(FEFO)"的原则。生产物料和非生产物料发放遵循的基本原则是相同的。至于具体是执行 FIFO 还是 FEFO,由企业自行决定。但为了防止在执行过程中,因发放原则制定不明确而导致物料发放混乱,采用其中一种原则即可。如果两种原则同时采用,应在企业制定的物料发放管理程序中明确定义两种原则并行使用的方法。此外,在物料发放的实际操作过程中,还可以在遵循 FIFO 或 FEFO 原则的基础上采用"零头先发、整包发放"原则。

一般来说,每批生产物料在经过取样、检验合格和放行后才能被使用。经检验合格的生产物料,由质量管理部门发放检验合格报告书、合格标签和物料放行单。指定人员将物料状态标识由"待验"变为"合格"。对检验不合格的生产物料,按品种、批号移入不合格区,物料状态标识由"待验"变为"不合格",按不合格品处理规程进行处理。

只有在接到交货单时,才能进行产品发放。交货单的接收和货物的发放必须有文件记录,仓库管理人员须根据交货单认真核对出库成品的名称、批号、数量后才能发货。发放的成品必须有质量管理部门下达的成品放行通知单,外包装必须完好无损。

质量管理部门依据物料的购进情况及检验结果确定物料是否被放行。物料的发放应凭批生产指令或批包装指令限额领用并记录。物料的发放和使用过程中必须复核物料名称、规格、批号、数量、合格状态、包装是否完整等,复核无误后方可发放和使用。

发放管理强调账、卡、物和相应信息保持一致。账即为物料账,是指同一物料的相关信息登记,包括来源去向及结存数量,用于统计物料的使用情况;卡即为货位卡,是用于表示一种货位的单批物料的产品名称、规格、型号、数量和来源去向的卡,是识别货垛的依据,并能记载和追溯该货位的来源去向;物即为实物。物料发放的同时应在卡

上进行记录,卡建立了账与实物之间的联系。通过账、卡、物核对,能及时有效地发现有无混淆和差错。卡不仅是货物的标识,还是追溯的重要凭证,物料去向的记载须注明将用于生产的产品名称和批号。

 任务实施

▶▶▶ **物料与产品发放管理实例分析**

某药厂物料发放原则

某药厂针对物料发放,制定了三项原则,包括"三查六对""四先出"及按批号发货原则。

1."三查六对"原则

该公司物料出库验发,首先对有关凭证进行"三查",即查核生产或领用部门、领料凭证或批生产指令、领用器具是否符合要求;其次将凭证与实物进行"六对",即对货号、品名、规格、单位、数量、包装进行核对。

2."四先出"原则

该公司物料出库,执行"四先出"原则,即先产先出、先进先出、易变先出、近期先出。具体要求:库存的同一物料,先生产的批号先出库;同一物料的出库,按进货的先后顺序出库;库存的同一物料,不宜久贮、易变质的先出库;库存有效期相同的物料,接近失效期的先行出库。

3.按批号发货原则

该公司物料出库按批号发货,也就是应按物料的批号,尽可能把同一批次完整发出,如果遇到一个批次数量不够,也要尽可能使混合的批次越少越好。

请分析:

(1)结合该公司物料发放原则,哪些情况不能发放?

(2)针对按批号发货原则,未拆封的整包装原辅料发放时,应做好哪些工作?

实例分析:
某药厂物料
发放原则

 知识总结

1.物料系指原料、辅料和包装材料等。产品包括中间产品、待包装产品和成品。其中,中间产品系指完成部分加工步骤的产品,尚需进一步加工方可成为待包装产品。

2.物料管理与产品管理的程序基本相同,必须制定物料与产品名称、企业内部物料代码和批号等。

3.物料与产品信息标识的 3 个基本组成部分为名称、代码和批号。

4.物料与产品的状态标识可分为:①待验标识(黄色)。②不合格标识(红色)。③合格标识(绿色)。④其他状态标识(如已取样标识、限制性放行标识)。

5.通常物料发放的基本原则为:先进先出(FIFO)/近效期先出(FEFO)。

在线测试：
物料与产品
发放管理

PPT：
物料与产品
使用过程
管理

授课视频：
物料与产品
使用过程
管理

知识拓展：
GMP 规定
的物料贮存
条件

在线测试

请扫描二维码完成在线测试。

任务 3.2　物料与产品使用过程管理

知识准备

一、物料生产车间存放管理

为避免原辅料、包装材料外包装上的尘埃和微生物污染药品生产环境，生产车间领取的所有原辅料经脱外包装后从传递窗(或缓冲室)或经适当清洁处理后，才能进入生产车间备料间(区)。

进入洁净区的物料按净化程序外清、缓冲(消毒)后进入车间放置于车间备料间(区)，备料间(区)空气洁净度级别与生产要求一致。备料间(区)放置物料要求符合物料贮存条件，不同物料配置相应的不同设施，如要求阴凉、恒温、恒湿等。如车间暂缺设施，可在使用前向仓库领取。对有特殊管理要求的毒剧品、麻醉品、精神类药品等相关物料，车间备料间(区)内应设专柜，并由专人领用与保管，有详细的领用记录。对易燃易爆、危险品等物料，除有安全防范措施外，还应控制领用量，不应在车间存放过多(通常存放一天用量)。车间备料应严格控制数量，一般不宜超过 2 天用量，否则应有特殊规定。

二、中间产品管理

中间产品的质量取决于生产过程的质量控制，包括产品是否按批准的生产工艺生产，人员培训是否到位，机器设备有无对中间产品产生影响，厂房环境尘粒微生物是否达标等，企业质量管理人员应在生产过程中采取合理措施确保中间产品符合企业内控标准。

GMP 规定仓储区要有足够的空间保证中间产品的存放，标注醒目的标识，避免污染与混淆。中间产品的合理贮存同物料贮存基本相同，主要包含分类贮存码放、规定条件下贮存、规定期限内销售和定期养护 4 个方面：①须按其类别、性质、贮存条件分类贮存，应有明显标识，避免相互影响和交叉污染。②必须确保有与中间产品相适宜的贮存条件，以维持其质量。③须在规定期限内使用。④须对存放设施环境进行维护和清洁，并定期对中间产品进行检查养护，采取必要的措施预防或延缓其受潮、变质、分解等。

中间产品的放行是在以上基础上进行实质的质量评价后所进行的放行与否的管

50

理,是关乎产品质量最为关键的一环,其要求与物料的放行和发放基本相同。

三、物料平衡控制

建立物料平衡检查标准,掌握生产过程中物料收率变化,进行严格的收率控制,使其在合理的范围内,是防止差错和混淆的有效方法之一。每个品种的关键生产和包装工序中应明确规定物料平衡的计算方法和合格限度要求,出现异常情况时应按照偏差处理程序进行调查分析。

物料平衡是产品或物料实际产量或实际用量及收集到的损耗之和与理论产量或理论用量之间的比值,应适当考虑可允许的正常偏差。物料平衡必须在批生产记录中反映出来,可通过严格的物料平衡观察与控制来判定药品生产工艺活动的正常与否。

收率是一种反映生产过程中投入物料的利用程度的技术经济指标。在药品生产过程的适当阶段,计算实际收率和理论收率的百分比,能够有效避免或及时发现药品混淆事故,每批待包装产品的理论收率应与实际收率进行核对。其中,理论收率(计算收率)是指假设在实际生产过程中没有任何损失或失误,根据所用各种成分的数量,在药品的制造、加工或包装的任何阶段,应该获得的产量;实际收率是指某种药品的制造、加工或包装的任何阶段实际获得的产量。

产量是衡量工艺稳定性的一个重要指标,应根据验证结果明确产量范围,当超出设定范围时应进行偏差调查。根据所生产剂型的特点,计算成品率或收率,用以反映工艺的稳定性和控制成本。

在实际生产中应按照规定要求进行产量和物料平衡计算。每个品种工艺规程或批生产记录中应对各关键生产工序明确物料平衡的计算方法及限度要求,物料平衡限度制定应合理并有依据(如源于工艺验证、产品质量回顾)。在生产过程中如有跑料现象,应详细记录跑料过程及数量,跑料数量也应计入物料平衡。物料平衡计算公式如下:

$$物料平衡(\%) = \frac{实际产出量 + 样品量 + 废品量}{投入量} \times 100\% \qquad (式3-1)$$

式3-1中,实际产出量表示用于下一步工序或商业销售的产出数量;样品量表示在线检查样品、质量控制样品、文件留样、其他样品数量;废品量表示含活性成分或药品的废品数量。

对物料平衡的确认,应有质量管理部门或车间主管人员的审核。当物料平衡超出规定限度时,应按照偏差处理程序对偏差情况进行处理和分析。

对于原料药、中药提取和生物制品原液制备等工序,一般以计算收率的方式,对生产过程进行控制,收率的计算见式3-2;对于原料药应当将生产过程中指定步骤的实际收率与预期收率比较。预期收率的范围应当根据以前的实验室、中试或生产的数据来确定。应当对关键工艺步骤收率的偏差进行调查,确定偏差对相关批次产品质量的影响或潜在影响。

$$收率（\%）=\frac{实际产出量}{理论产量}\times100\%\qquad（式3-2）$$

对于剩余的印有批号和生产日期及有效期的印字包装材料,在本批结束后必须做废品处理,并以撕毁或相当的方式保证不能被误用。离线打印批号、生产日期和有效期的印字包装材料需计数发放,数量平衡的限度应是100%。

四、不合格品与废品管理

不合格品管理应强调三个"不放过",即没找到责任和原因不放过;没找到防范措施不放过;责任人或责任方没受到教育不放过。只有坚持这种思想和理念,药品生产企业才能持续、稳定地生产出合格产品。

1. 不合格物料、产品处理流程

不合格物料、产品的处理流程通常按照图3-1进行。

合格物料的出库应严格遵循相应的流程规范操作。一般企业均设有固定专用的不合格品区域。

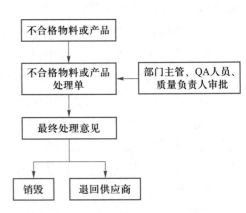

图3-1 不合格物料、产品的处理流程

2. 不合格品处置

企业内所有不合格物料、产品的处理均须经质量管理负责人批准,方可进行不合格品处理。产生不合格物料、产品的原因众多,因此处理方式也存在差别。对于由供应商或生产商原因引起的物料不合格(包括原辅料、包装材料),在质量管理部门做出不合格判定和拒收处理后,一般通过投诉流程,投诉相应的供应商或生产商,要求其进行根本原因调查,并采取适当的整改和预防措施避免物料不合格情况再次发生。本企业产生的不合格产品,多数是生产过程中的偏差所致,因此不合格产品的处置方式是依据偏差的根本原因调查和风险评估而确定的。

3. 不合格品、废品销毁程序

不合格品、废品的销毁程序见图3-2。

对于需销毁的不合格品和废品,首先需提出销毁申请,销毁申请通常可由物料管理部门、质量管理部门或其余相关部门批准。

对于不合格品、废品的处理,企业一般会选择有资质的销毁公司进行专业销毁。

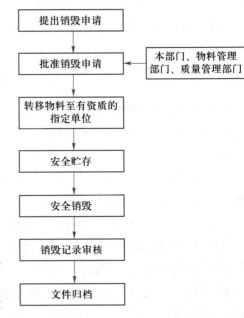

图3-2 不合格品、废品的销毁程序

不合格品、废品销毁时,须确保安全、有效,企业一般会采取现场监督的方式,对不合格品、废品处理的销毁过程进行监督和管理,并须有合适的人员对相关的销毁记录进行审核。

五、物料退库管理

企业在生产经营活动过程中可能会产生退货行为,退货管理程序的制定和实施对企业而言相当重要。退货应严格管理,以避免在退货处理过程中产生差错和混淆,同时为降低退货过程带来的质量风险和假药风险提供必要的保障。

物料退库主要原则:①不连续生产时,剩余物料需退库。②车间更换品种、规格时需将上批次品种、规格剩余物料退库。③生产中怀疑物料质量存在缺陷或不符合生产使用的物料应退库。④连续生产,不更换品种、规格时,每批生产结束后多余物料可退库,亦可暂存车间,但剩余物料的散装原辅料应准时密封,由操作人员在包装容器上注明剩余数量、品名、规格和使用者签字,由专人保管,再次启封使用时,应核对记录。⑤因某些缘由临时停产或资料临时更改而物料已领到生产现场的可退库。⑥因生产操作不当产生不合格物料,不允许退库。⑦已印有生产批号、有效期等信息的包装材料,不允许退库,按不合格品处理。

企业应根据 GMP 相关规定和要求,建立退货管理的书面操作规程,内容包括退货申请、接收、贮存、调查、评估和处理(返工、重新加工、降级使用、重新包装、重新销售等),并有相关记录。

 任务实施

▶▶▶ **中间产品管理实例分析**

某药厂中间产品管理规程

文件名称	中间产品管理规程		文件编号	SMP-WL-1010-02
起草人	张三	审核人　李四	批准人	王五
起草日期	2021 年 4 月 25 日	审核日期　2021 年 5 月 18 日	批准日期	2021 年 6 月 22 日
颁发部门	质量部		生效日期	2021 年 7 月 11 日
分发部门	物料管理部、质量部、生产车间			

目的:本标准规定了中间产品的管理程序。

范围:本标准适用于车间生产的中间产品。

职责:库管员负责根据本标准对中间产品进行管理;车间班组长负责按寄库单和领料单进

行领料;质检员(QC)负责对中间产品进行准确检验;QA 人员负责对库管员对中间产品的管理进行监督和检查。

1. 中间产品寄库

(1) 由车间班组长填写物料寄库单交库房,注明品名、规格、批号、数量、交库人等。

(2) 库管员接到物料寄库单后,及时安排好仓储位置。

(3) 到库中间产品应逐件检查其包装是否符合规定,有无破损、渗漏,封口是否扎紧,标签上填写内容是否完整清楚,重量是否和所标注重量一致。

(4) 经库管员查对品名、规格、数量、批号无误后方可办理接收手续,出具物料接收单。

(5) 库管员及时对寄库中间产品根据编码规程编码,填写中间产品进库总账,挂上"待验"标识牌。

2. 入库

(1) 根据 QC 检验结果办理入库手续,如合格则及时取下黄色"待验"标识,换上绿色"合格"标识,不合格则及时移至不合格库(区),按《不合格品管理规程》处理。

(2) 建立货位卡和分类账。

3. 库存管理

库存的中间产品应根据其性质存放,注意库房的温、湿度变化(温度在 30 ℃以下,相对湿度为 45%~75%),防止其吸潮、发霉、虫蛀。

4. 发放使用

(1) 车间物料员根据车间生产计划填写领料单,注明品名、规格、批号、数量和领用日期,经车间领导及 QA 人员审批后,送库房。

(2) 库房接到领料单后应认真核对其品名、规格、批号、数量,将物料备齐。

(3) 由车间领料员核对该批物料检验报告,确认品名、规格、数量、批号和要求一致后双方确认,在领料单上签字认可。

(4) 到质量部规定的贮藏有效期的中间产品应申请复验,经复验合格后才能发放。

(5) 在分类账和货位卡上注明货物去向和数量。

5. 退料

车间须退回库房的中间产品按《退料管理规程》执行。

实例分析:某药厂中间产品管理规程

上述实例未提及不同品种、同一品种不同规格或批号的中间产品如何存放,请详细说明。

 ## 知识总结

1. 生产车间领取的所有原辅料须经脱外包装后从传递窗(或缓冲室)或经适当清洁处理后,才能进入生产车间备料间(区)。进入洁净区的物料按净化程序外清、缓冲(消毒)后进入车间放置于车间备料间(区)。

2. 对有特殊管理要求的毒剧品、麻醉品、精神类等物料,车间备料间(区)内应设专

柜,并由专人领用与保管,有详细的领用记录。

3. 中间产品的合理贮存同物料贮存基本相同,主要包含分类贮存码放、规定条件下贮存、规定期限内销售和定期养护 4 个方面。

4. 物料平衡计算公式:物料平衡$(\%) = \dfrac{实际产出量 + 样品量 + 废品量}{投入量} \times 100\%$。

5. 收率计算公式:收率$(\%) = \dfrac{实际产出量}{理论产量} \times 100\%$。

6. 本企业产生的不合格产品,多数是生产过程中的偏差所致,因此不合格产品的处置方式是依据偏差的根本原因调查和风险评估而确定的。

7. 对于需销毁的不合格品和废品,须提出销毁申请,批准后转移至有资质的指定单位进行专业销毁。

 ## 在线测试

请扫描二维码完成在线测试。

在线测试:
物料与产品
使用过程
管理

模块二 碳酸氢钠片的生产

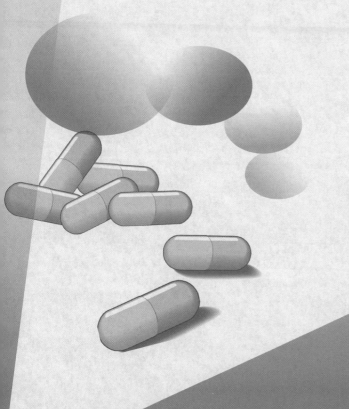

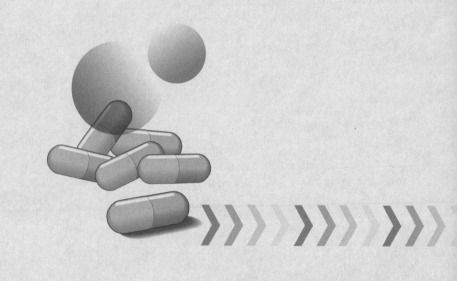

项目 4
碳酸氢钠片制备工艺

>>>> **项目描述**

片剂的制备通常选用湿法制粒压片法、干法制粒压片法和粉末直接压片法。其中,湿法制粒压片法适用于不能直接压片,且遇湿热稳定的药物;干法制粒压片法和粉末直接压片法可避免引入水分,适用于对湿热不稳定的药物。

本项目以碳酸氢钠片的生产为例,采用湿法制粒压片法,阐述生产工艺流程,结合实际介绍生产过程的关键控制点,为后续详细介绍岗位操作奠定基础,使学员清晰明确生产中的关键工序和注意事项。

>>>> **学习目标**

- **知识目标**
1. 掌握片剂不同制备方法的适用范围。
2. 掌握湿法制粒压片法制备碳酸氢钠片的生产工艺流程。
3. 掌握碳酸氢钠片生产过程的关键控制点。
4. 熟悉干法制粒压片法和粉末直接压片法的工艺流程。
- **能力目标**
1. 能明晰碳酸氢钠片的生产工艺流程。
2. 能明晰碳酸氢钠片生产过程中关键监控项目的标准要求。
- **素养目标**
1. 培养基于生产工艺流程探究生产实际过程的科学精神。
2. 培养基于药物性质研制制剂处方的研究和创新精神。

知识导图:
碳酸氢钠片
制备工艺

>>>> **知识导图**

请扫描二维码了解本项目主要内容。

PPT:
工艺规程
学习(碳酸
氢钠片)

授课视频:
工艺规程
学习(碳酸
氢钠片)

任务 4.1　工艺规程学习

 知识准备

一、产品概述与工作任务

1. 产品概述

碳酸氢钠片是抗酸药,白色片剂,含碳酸氢钠应为标示量的95.0%~105.0%。本品主要用于缓解胃酸过多引起的胃痛、胃灼热感(烧心)、反酸症状,但其作用较弱,持续时间较短,中和胃酸时所产生的二氧化碳可能引起嗳气、继发性胃酸分泌增加。

2. 工作任务

为确保生产任务有效推进与实施,制药企业相关部门应起草撰写生产指令(包括批生产指令和批包装指令)。通常,生产调度部门根据生产计划编制生产指令,工艺员根据生产指令出具工艺卡,生产调度部门主管复核无误后,车间内勤发放空白生产记录并装订成册,装订好的批生产记录随生产指令由车间主任审核无误后下发至各岗位进行生产。

(1) 批生产指令　批生产指令的内容一般包括生产指令编号、产品名称、批号、规格、生产批量、起草人、起草日期、审核人、审核日期、批准人、批准日期、物料代码及用量、作业时间及期限、有效期和特殊说明等。以碳酸氢钠片为例,其批生产指令见表4-1。

表4-1　碳酸氢钠片批生产指令

产品名称	碳酸氢钠片		规格		0.3 g/片	
批　　号	20210923		指令编号		××××	
生产批量	16.7 万片					
工艺规程及编号	碳酸氢钠片工艺规程;编号:××××					
起 草 人	李四		起草日期		2021 年 9 月 17 日	
审 核 人	张五		审核日期		2021 年 9 月 18 日	
颁布部门	生产部					
批 准 人	王七	批准日期	2021 年 9 月 19 日		生效日期	2021 年 9 月 20 日
指令接收部门	固体制剂生产车间、质量部、物料供应部	接收人	何一		接收日期	2021 年 9 月 20 日
作业时间及期限	2021 年 9 月 23 日—2021 年 9 月 24 日					

续表

	名称	物料代码	用量	生产厂家
所需物料清单	碳酸氢钠	××××	50 kg	××× 药业有限公司
	玉米淀粉	××××	5 kg	××× 药用辅料有限公司
	硬脂酸镁	××××	0.15 kg	××× 药用辅料有限公司
备注				

备注：本指令一式三份，生产车间一份，质量部一份，物料供应部一份。

(2) 批包装指令　批包装指令内容一般包括包装指令编号，产品名称、批号、批量、规格，包装规格、计划包装数量、工艺规程及编号、包装材料名称及用量、起草人、起草日期，审核人、审核日期，批准人、批准日期，接收人和接收日期等。以碳酸氢钠片为例，其批包装指令见表4-2。

表4-2　碳酸氢钠片批包装指令

产品名称	碳酸氢钠片			规格	0.3 g/片
批　号	20210923	指令编号		××××	
批　量	16.7 万片				
包装规格	0.3 g/片 ×100 片/袋 ×20 袋/中包(盒)×10 中包/箱				
计划包装数量	1 670 袋/84 盒/9 箱				
包装日期	2021 年 9 月 24 日				
工艺规程及编号	碳酸氢钠片工艺规程;编号:××××				
起草人	李四	起草日期		2021 年 9 月 17 日	
审核人	张五	审核日期		2021 年 9 月 18 日	
颁发部门	生产部				
批准人	王七	批准日期	2021 年 9 月 19 日	生效日期	2021 年 9 月 20 日
指令接收部门	固体制剂生产车间、质量部、物料供应部	接收人	何一	接收日期	2021 年 9 月 20 日

续表

名称	物料代码	用量	厂家
塑料袋	××××	1 670 袋	×××药包装材料有限公司
纸盒	××××	84 盒	×××药包装材料有限公司
纸箱	××××	9 箱	×××药包装材料有限公司

所需包装材料清单

备注

备注:本指令一式四份,生产部一份,物料供应部一份,内包装、外包装岗位各一份。

二、生产工艺流程

　　片剂的制备方法按制备工艺一般分为制粒压片法与直接压片法两种。制粒压片法可分为湿法制粒压片法和干法制粒压片法;直接压片法可分为粉末直接压片法和结晶压片法。片剂通常选用湿法制粒压片、干法制粒压片和粉末直接压片技术。其中,湿法制粒压片适用于不能直接压片,且遇湿热稳定的药物;干法制粒压片和粉末直接压片可避免引入水分,适用于对湿热不稳定的药物。

1. 湿法制粒压片

　　湿法制粒压片指将药物和辅料粉末混合,加入黏合剂或润湿剂、内加崩解剂制备软材,通过制粒技术制得湿颗粒,经干燥和整粒,再压制成片的工艺方法。湿法制粒压片工艺流程见图4-1。

视频:
片剂颗粒
的制备

动画:
压片操作

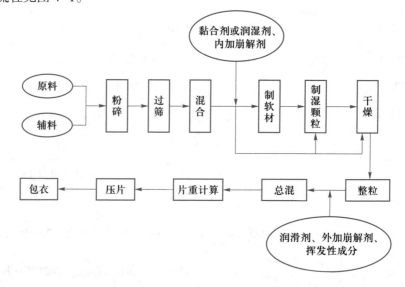

图4-1　湿法制粒压片工艺流程

2. 干法制粒压片

干法制粒压片指将药物和粉状辅料混合均匀,采用滚压法或重压法压成块状或大片状后,再将其粉碎成所需大小的颗粒,经整粒、总混,最后压制成片的工艺方法。干法制粒压片工艺流程见图 4-2。

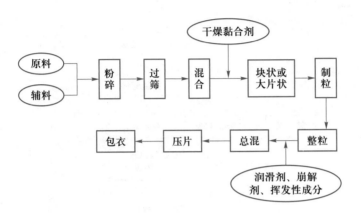

图 4-2　干法制粒压片工艺流程

3. 粉末直接压片

粉末直接压片指将药物粉末和适宜辅料混合均匀,不制粒直接进行压片的方法。粉末直接压片工艺流程见图 4-3。

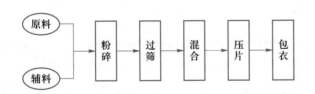

图 4-3　粉末直接压片工艺流程

 任务实施

▶▶▶ 碳酸氢钠片生产工艺流程学习

1. 碳酸氢钠片处方

碳酸氢钠	50 kg
淀粉	5 kg
硬脂酸镁	0.15 kg
10% 淀粉浆	适量

2. 碳酸氢钠片生产工艺流程

以碳酸氢钠片为例,采用湿法制粒压片技术进行生产,工艺流程见图4-4。

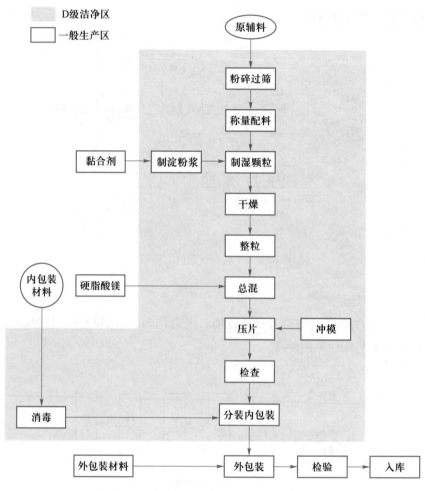

图4-4 碳酸氢钠片湿法制粒压片工艺流程

 ## 知识总结

1. 碳酸氢钠片是抗酸药,白色片剂,含碳酸氢钠应为标示量的95.0%~105.0%,主要用于缓解胃酸过多引起的胃痛、胃灼热感(烧心)、反酸症状。

2. 片剂常用的制备方法有湿法制粒压片法、干法制粒压片法和粉末直接压片法,国内以湿法制粒压片法为主,该方法适用于不能直接压片,遇湿热稳定的药物。

3. 片剂的湿法制粒压片过程包括粉碎、过筛、混合预处理操作,加入黏合剂或润湿剂、崩解剂等制备软材,选用适宜制粒技术制备湿颗粒,经干燥和整粒得到干颗粒,加入润滑剂、外加崩解剂及挥发性成分等进行总混,最后经压片、包衣、包装和质量检验

得到成品。

4. 以碳酸氢钠片为例,采用湿法制粒压片技术进行生产,工艺流程包括粉碎过筛、配料称量、制淀粉浆、制湿颗粒、干燥、整粒、总混、压片、检查、包装、检验和入库等主要操作过程。

 在线测试

请扫描二维码完成在线测试。————————————————

在线测试:
工艺规程
学习(碳酸
氢钠片)

任务 4.2 关键控制点掌握

 知识准备

PPT:
关键控制点
掌握(碳酸
氢钠片)

▶▶▶ 片剂生产过程关键控制点

片剂生产过程中需要进行质量控制,具体要求见表4-3。

授课视频:
关键控制点
掌握(碳酸
氢钠片)

表4-3 片剂生产过程质量控制点

工序	质量控制点	质量控制项目	频次
粉碎	原辅料	异物	每批
	粉碎过筛	细度、异物	每批
配料	称量	品种、数量、状态	1 次/班
制粒	混合	均匀度	每批
	湿颗粒	性状	每批
	干颗粒	可压性、疏散度	每批
烘干	烘箱	温度、时间、清洁度	随时/班
	沸腾床	温度、滤袋完好、清洁度	随时/班
压片	片子	平均片重	随时/班
		重量差异	1~2 次/班
		硬度、崩解度、脆碎度	1 次以上/班
		含量、均匀度、溶出度(规定品种)	每批
		外观	随时/班

工序	质量控制点	质量控制项目	频次
包衣	包衣片	外观	随时/班
		含量	随时/班
		重量差异	随时/班
		崩解时限	定时/班
洗瓶	纯化水	《中国药典》全项	1次/半月
	瓶子	清洁度	随时/班
		干燥	随时/班
内包装	塑料瓶、填充物	清洁度、密封性	1次/每班
	铝箔、PVC	清洁度、密封性、批号	1次/每班
外包装	包装品	装量、封口、瓶签、填充物	随时/班
	装盒	批号、数量、说明书、封口签	随时/班
	标签、说明书	批号、内容、数量、使用记录	随时/班
	装箱	批号、数量、装箱单、印刷内容	随时/班
	捆箱	胶带封口质量、捆箱质量	每箱

 任务实施

▶▶▶ 碳酸氢钠片生产过程关键控制点

生产规格为 0.3 g/片的碳酸氢钠片,按照 100 片/袋包装,该片剂生产过程关键控制点见表 4-4。

表 4-4 碳酸氢钠片生产过程关键控制点

工序	质量控制点	监控项目	标准要求	频次
粉碎	粉碎过筛	细度、异物	过 80 目筛,不得有可见异物	每批
配料	称量	品种、数量、状态	与配料称量指令品种、数量、状态相符	1次/班
制粒	制粒	湿颗粒	符合工艺要求	1次/批
	干燥	水分	水分≤3.0%	1次/批
	干颗粒	性状	白色或类白色颗粒	随时/班
	总混	均匀度	色泽均匀、无花纹、无色斑	1次/批
压片	片子	平均片重	符合规定	随时/班
		重量差异	0.285~0.315 g	1~2次/班
		崩解度、脆碎度	崩解时限:≤15 min;脆碎度:≤1%,并不得检出断裂、龟裂及粉碎的片	1次以上/班
		含量	标示量的 95.5%~105.0%	每批
		外观	片面白色、光洁	随时/班

续表

工序	质量控制点	监控项目	标准要求	频次
分装	片子	装量差异	符合《中国药典》要求	3~4 次/班
包装	在包装品	装量、封口	每袋装量为 100 片,封口严密	随时/班
	中包装	数量、说明书、封口签	清晰正确	随时/班
	标签、说明书	批号、内容、数量、使用记录	清晰正确、牢固	随时/班
	装箱	批号、数量、装箱单、印刷内容	数量准确,包装完好,箱面干净	随时/班

知识总结

碳酸氢钠片中间产品质量控制点涉及粉碎细度、水分、混合均匀度、重量差异等监控项目,主要标准要求包括水分≤3.0%,混合颗粒色泽均匀、无花纹、无色斑,分装封口严密等。

在线测试

请扫描二维码完成在线测试。

在线测试:
关键控制点
掌握(碳酸
氢钠片)

项目 5
碳酸氢钠片生产岗位操作

>>>>> ## 项目描述

　　片剂(素片)的湿法制粒压片生产通常包括物料的粉碎、过筛、配料混合、制粒、干燥、整粒、总混、压片和质量检查等操作。在实际生产过程中,应严格遵循 GMP 要求,规范生产岗位操作,监督一切生产行为按照生产管理文件执行,以确保药品质量。

　　本项目以碳酸氢钠片的生产为例,基于普通岗位操作人员身份,按照生产岗位顺序,介绍实际岗位生产、关键制药设备使用、岗位清场操作要点,使学员掌握片剂生产中人员净化、物料领取、配料称量、混合制粒、干燥、整粒、总混、压片等岗位技能。

>>>>> ## 学习目标

- **知识目标**
1. 掌握片剂生产关键岗位操作与制药设备使用方法。
2. 掌握片剂单元操作安全技术、安全防护要求。
3. 熟悉片剂生产关键设备维护、管理要求。
4. 了解清场有效期验证程序与要求。
- **能力目标**
1. 能进行一般生产区与 D 级洁净区更衣洗手操作。
2. 能进行片剂生产原辅料和中间产品领料、退料、交接等操作。
3. 能进行片剂生产前检查与准备、生产操作、岗位清场和批生产记录填写。
4. 能解决片剂生产中的常见问题。
- **素养目标**
1. 树立安全生产意识。
2. 培养匠心制药和责任意识。
3. 养成环境保护意识和可持续发展思维。

知识导图:
碳酸氢钠
片生产岗
位操作

>>>>> ## 知识导图

　　请扫描二维码了解本项目主要内容。

任务 5.1　人员净化操作

PPT:
人员净化
操作

授课视频:
人员净化
操作

知识准备

▶▶▶ 进入(出)一般生产区与 D 级洁净区净化操作流程

　　湿法制粒压片制备碳酸氢钠片的生产环境主要为一般生产区与 D 级洁净区。人员进入(出)一般生产区与 D 级洁净区净化操作流程详见"任务 2.1　人员卫生管理"。

任务实施

一、人员进入(出)一般生产区净化操作

　　人员进入(出)一般生产区具体流程和操作要点见表 5-1。

表 5-1　人员进入(出)一般生产区具体流程和操作要点

序号	步骤	操作要点	示意图
1	更鞋	坐于更鞋柜上,将鞋脱下,放置于更鞋柜外侧柜,从更鞋柜内侧柜取出一般生产区工作鞋换好	 更鞋
2	洗手	脱去外衣裤,按七步洗手法洗手并烘干	取适量洗手液于掌心　①内 掌心对掌心揉搓　②外 手指交叉,掌心对手背揉搓 ③夹 手指交叉,掌心对掌心揉搓　④弓 双手互握,相互揉搓指背　⑤大 拇指在掌中转动揉搓 ⑥立 指尖在掌心揉搓　⑦腕 旋转揉搓腕部直至肘部 七步洗手法

续表

序号	步骤	操作要点	示意图
3	更衣	戴上工作帽,将头发完全包在帽内,不得外露;穿上一般生产区工作服	工作帽
4	进入一般生产区	经走廊缓步进入各操作间	进入一般生产区
5	离开一般生产区	按进入一般生产区的逆向顺序更衣(鞋)。将脱下的工作服放入有"待清洁"标识的桶内,工作鞋放入鞋柜后即可离开一般生产区	工作服

二、人员进入(出)D级洁净区净化操作

人员进入(出)D级洁净区具体流程和操作要点见表5-2。

表5-2　人员进入(出)D级洁净区具体流程和操作要点

序号	步骤	操作要点	示意图
1	更鞋	先由D级洁净区入口进入缓冲室,坐在更鞋柜上,将一般生产区的工作鞋脱下放在更鞋柜外侧柜,脚悬空,身体旋转180°,从更鞋柜内侧柜中取出与自己对应编号的专用工作鞋穿上	D级洁净区工作鞋
2	一更 (脱外衣)	人员进入一更室,将一般生产区工作服脱下挂在衣钩上,并戴上一次性帽子	一般生产区工作服
	一更 (洗手)	在一更室的洗手池使用纯化水、洗手液按七步洗手法对双手及手腕进行清洗,洗净双手后使用手烘干器吹干,准备进入二更室	取适量洗手液于掌心　①内 掌心对掌心揉搓　②外 手指交叉,掌心对手背揉搓 ③夹 手指交叉,掌心对掌心揉搓　④弓 双手互握,相互揉搓指背　⑤大 拇指在掌中转动揉搓 ⑥立 指尖在掌心揉搓　⑦腕 旋转揉搓腕部直至肘部 七步洗手法
3	二更 (穿D级洁净服)	用肘部推门进入二更室后,取出与自己对应编号、在有效期内的D级洁净服穿上	穿D级洁净服

续表

序号	步骤	操作要点	示意图
4	进入缓冲室	进入缓冲室，戴手套（根据工作需要），进行手消毒后，进入 D 级洁净区各操作室	缓冲室
5	出 D 级洁净区	D 级洁净区穿戴的洁净服、工作鞋、工作帽不得穿离 D 级洁净区。操作人员下班或中途离开洁净区时应按进入时相反的程序更衣、更鞋，脱下的 D 级洁净服如果不再穿，应装在对应编号的洁净服袋中，放入专用的洁净服盛装桶中；如果还需穿，则需把洁净服按编号整齐地挂在衣钩上	洁净服盛装桶

三、更衣记录填写

1. 填写要求

更衣记录由岗位更衣人员填写，再由岗位负责人及有关规定人员复核签字。不允许事前先填或事后补填，填写内容应真实。填写记录应注意字迹工整、清晰，不允许用铅笔填写，且要求用笔颜色保持一致。记录不能随意更改或销毁，若确实因填错需更改，务必在更改处画一横线后，将正确内容填写在旁边，并签字标明日期。

考核时为确保考评公平公正，原则上不允许岗位操作人员填写真实姓名，应填写准考证号或考试代号等。

2. 更衣记录样例

更衣记录见表 5-3，温湿度记录见表 5-4。

表 5-3　更衣记录

日期	姓名	到达工序	进入洁净区目的	进入时间	出去时间	进入时间	出去时间	备注

表5-4　温湿度记录

日期	上午(9:00—11:00) 下午(13:00—16:00)	记录时间	温度/℃	相对湿度/%	记录人	判断
	上午					☐合格　☐不合格
	下午					☐合格　☐不合格
	上午					☐合格　☐不合格
	下午					☐合格　☐不合格

任务考核

一、考核要求

1. 在线测试(5 min)

请扫描二维码完成在线测试。

2. 实践考核(20 min)

在规定时间内完成人员净化操作,并填写更衣记录。

(1) 分组要求　此项目为必考项目,无分组需求,学生需穿着洁净服进入下一考核项目。

(2) 场景设置　应至少设有更鞋室、一更室、二更室,手消毒器、更衣记录、洁净服等。

(3) 其他要求　考核过程应按照操作要点规范操作,及时如实填写更衣记录等。

在线测试:
人员净化
操作

二、评分标准

人员净化操作评分标准见表5-5。

表5-5　人员净化操作评分标准

序号	考试内容	分值/分	评分要点	考生得分	备注
1	七步洗手法	8	① 顺序正确(4分) ② 使用水的种类(2分) ③ 总时间不少于30 s(2分)		
2	更衣规范	72	① 流程正确(8分) ② 正确戴口罩(8分) ③ 规范更衣[抓衣领,翻裤(袖)筒,过程不落地,不接触外表面,检查](48分) ④ 正确戴手套(8分)		
3	其他	20	① 记录填写正确、规范、真实(4分) ② 进出过程中独立、互锁、单向(8分) ③ 25 min内完成(8分)		
岗位总分					

PPT:
物料的领取

授课视频:
物料的领取

任务 5.2　物料的领取

 知识准备

▶▶▶ **物料领取要求**

生产车间根据生产指令制定相应的物料提取单,物料提取单应包括物料名称、物料批号、物料代码、物料实际领取量、物料需要量、领取/发放人和日期等信息。正式生产前应将物料提取单制定、审核、发放完成,并通知相关部门,同时应预留足够的时间确保物料管理部门、生产部门或其他相关部门完成相应的生产前准备工作,使每位操作人员和相关人员清楚正在生产或将要生产的产品名称、规格、批量等信息。生产车间相关人员根据物料领取 SOP 从仓储部门领取生产产品所需物料。

 任务实施

一、原辅料的领取

原辅料的领取主要涉及药物制剂生产职业技能等级证书(中级)考核岗位中的物料领取岗位。产品正式生产前,应根据批生产指令填写领料单,领取生产所需原辅料,并运送至车间物料暂存间。原辅料在不连续生产时,在批生产结束后由各班组清点结存后退回仓库。

1. 领料

领料操作要点见表5-6。

表 5-6　领料操作要点

序号	步骤	操作要点	示意图
1	填写领料单	领料员根据生产指令填写领料单,内容包括:物料代码、物料名称、规格、批号、领用数量和实发数量等。一式三份,车间主任确认后签名	领料单 班组:　　仓库名称:　　领料日期: 物料代码|物料名称|规格|批号|领用数量|实发数量|备注 领料员:　　仓库管理员:　　车间主任: 领料单

续表

序号	步骤	操作要点	示意图
2	提交领料单	由车间指定领料人员交领料单给仓库管理员,仓库管理员核对领料单内容	核对领料单
3	领取物料	仓库管理员填写发料单中的发料栏,领料人员核对原辅料的名称、进厂编号、发放数量和质检报告单与仓库管理员填写的原辅料发料单是否一致,经核对无误后在收料人一栏签字。非整包发放物料时,应一人称量,一人复核	领料签字
4	运回	物料要平稳地摆放在运料车上,运输过程中做好防护,避免运输途中物料落地	领料用工具
5	脱包	领料人员将原辅料从库房领回后,先检查物料的外包装,目视外包装完好,然后在外清室脱去外包装。领料人员在无标识的内包装袋上贴上带有物料名称/规格、物料代码、数量、批号等的"已脱包物料标识卡"	**已脱包物料标识卡** 物料名称/规格: 物料代码: 数量: 批号: 生产厂家: 有效期至: 操作人:　　脱包时间: 已脱包物料标识卡
6	暂存	物料进入洁净区后,放入相应的暂存间,按区域存放。如果暂存间存放两种以上物料,要留有足够的空间,悬挂醒目的标识来区分,并且码放整齐,做好物料货位卡	暂存间

2. 退库

生产过程中,若个别物料已经被开包,但不宜在车间存放,则应办理退库手续。剩余物料退库操作要点见表5-7。

表5-7 剩余物料退库操作要点

序号	步骤	操作要点	示意图
1	清点物料	车间各班组在每班生产结束后,清点原辅料、内外包装材料的数量,填写物料暂存间进出台账,并由记录人及复核人签字。原辅料、内外包装材料在不连续生产时,在批生产结束后由各班组清点结存后退回仓库	物料暂存间进出台账
2	填写退库标识卡和退库单	退库时由退库人员填写退库标识卡和退库单,写明物料名称、剩余数量、规格等,由退库人和车间负责人分别签字后,退回仓库	退库标识卡
3	退库	退库时与仓库管理员当场清点物料数量、名称等内容,确认无误后由仓库管理员签字,退库工作结束	退库签字

二、中间产品领料

中间产品的领料主要涉及药物制剂生产职业技能等级证书(中级)考核岗位中的总混、压片岗位,中间站主要用于存放中间产品、待重新加工产品。

1. 物料进站

物料进站操作要点见表5-8。

表5-8 物料进站操作要点

序号	步骤	操作要点	示意图
1	物料清洁	所有进入中间站的物料,容器外表面应干净	中间站物料

续表

序号	步骤	操作要点	示意图
2	复核	中间站管理员根据容器中的物料状态标识卡,对物料的名称、规格、重量等进行复核,复核无误后填写物料进出站记录和台账,并由双方签名	物料复核
3	悬挂标识	物料进站后,中间站管理员应定置放置,填写物料请验单,通知质量管理部前来取样。同时每一容器挂上黄色的"待验"状态标识	**待验** 物料"待验"状态标识
4	整洁	随时保持站内物料的洁净,不得有散落的物料,地上散落的物料不得回收	物料整洁

2. 物料出站

物料出站操作要点见表5-9。

表5-9　物料出站操作要点

序号	步骤	操作要点	示意图
1	接收中间产品检验报告单	质量管理部将检验报告单交予车间监控员,若检验合格,车间监控员签发"中间产品流转证",中间站管理员将物料换上绿色的合格状态标识。若检验不合格,立即由中间站管理员将物料转移到专门划分的不合格区,并填写红色的不合格状态标识,按《车间不合格品管理规程》处理	**中间产品流转证** 中间产品名称＿＿＿＿＿＿ 批号＿＿＿＿＿＿＿＿ 单件数量＿＿＿＿件数＿＿ 总数量＿＿＿＿＿＿＿ 交料人签名＿＿＿＿＿＿ 车间QA签名＿＿＿＿＿＿ 接料人签名＿＿＿＿＿＿ 日期＿＿＿＿年＿＿月＿＿日 中间产品流转证 **合格** 物料合格状态标识

序号	步骤	操作要点	示意图
2	领料	领料员根据岗位工艺指令来中间站领料，复核中间产品名称、规格、数量、合格状态标识等，确认无误后填写中间产品交接单和进出站台账，并由双方签名	中间产品交接单（领取）／中间产品交接单（递交）／中间产品交接单
3	每日清点	中间站管理员在每日下班前清点所有中间产品，要求账、卡、物相符。若不符必须查明原因，否则不准下班，必要时向车间监控员和车间主任报告	中间产品进出站台账

三、物料领取记录填写

1. 填写要求

物料领取记录由领料岗位操作人员填写，再由岗位负责人及有关规定人员复核签字。

物料领取记录不允许事前先填或事后补填，填写内容应真实。填写物料领用记录应注意字迹工整、清晰，不允许用铅笔填写，且要求用笔颜色保持一致，不能随意更改或销毁，若确实因填错需更改，务必在更改处画一横线后，将正确内容填写在旁边，并签字标明日期。

考核时为确保考评公平公正，原则上不允许岗位操作人员填写真实姓名，应填写准考证号或考试代号等。

2. 物料领取记录样例

领料单见表 5-10。

表 5-10　领　料　单

班组：　　　　　　　　　　　　　　　仓库名称：　　　　　　　　　　　　　　领料日期：

物料代码	物料名称	规格	批号	领用数量	实发数量	备注

领料员：　　　　　　　　　　　　　　仓库管理员：　　　　　　　　　　　　车间主任：

任务考核

一、考核要求

1. 在线测试(5 min)

请扫描二维码完成在线测试。

在线测试：
物料的领取

2. 实践考核(40 min)

以角色扮演法进行分组考核,要求在规定时间内完成碳酸氢钠片领料岗位操作,并填写批生产记录。

(1) 分组要求　小组人数不少于 3 人,1 人扮演中间站管理员或暂存间管理员,1 人扮演考评员,1 人扮演岗位操作人员。

(2) 场景设置　应至少设有物料暂存间、中间站、称量室,配备房间与设备状态标识牌、不锈钢勺与桶、塑料袋与扎带、可粘贴标签、清洁器具等。

(3) 其他要求　考核时应提前穿戴洁净服,考核过程中应按照操作要点规范操作,及时如实填写批生产记录等。

二、评分标准

物料领取岗位评分标准见表 5-11。

表 5-11　物料领取岗位评分标准

序号	考试内容	分值/分	评分要点	考生得分	备注
1	领料前准备	30	① 正确填写领料单(20 分) ② 领料用工具洁净(10 分)		
2	领料	50	① 准确核对领料单与物料信息是否一致(10 分) ② 准确核对发料单与所领物料信息是否一致(10 分) ③ 正确脱去物料外包装(10 分) ④ 正确填写已脱包物料标识卡(10 分) ⑤ 正确存放已脱包物料(10 分)		
3	记录	20	① 及时规范填写物料领取记录(10 分) ② 正确粘贴已脱包物料标识卡(10 分)		
岗位总分					

PPT:
配料与称量

授课视频:
配料与称量

任务 5.3 配料与称量

 知识准备

▶▶▶ 岗位职责

称量是药品生产过程中非常重要的一个环节,若出现差错,最终将导致生产出的药品成分含量不符合国家药品标准而出现劣药。同时,为降低污染和交叉污染的风险,配料称量岗位可采用隔离技术、局部吸尘及捕尘设施、直排等手段来防止尘埃产生和扩散。

岗位人员按批生产指令,全面负责制剂的前期(配料称量)管理工作。上岗前按规定搞好个人卫生、着装整洁,上岗后及时检查本岗位场所内及设备卫生,做好操作前的一切准备工作。负责按生产指令对称量的物料品名、规格、批号、数量、化验合格与否进行核对。严格按处方要求、工艺规程及岗位操作程序进行操作,必须做到称量准确,标识醒目,不准出现任何差错。

工作期间,严禁串岗,不得做与本岗位无关事务,不得擅自离岗,应加强工作责任心。及时、准确填写生产记录,做到字迹清晰、内容真实、数据完整,不得任意涂改和撕毁。班前班后和投料前后均必须核对物料品名、规格、编号(或批号),复核称量,不得有误。工作结束时应及时做好仪器设备、用具的清洁,按有关标准操作规程进行操作。

 任务实施

一、配料称量操作

1. 生产前检查与准备

配料称量操作前应进行岗位生产前检查与准备,操作要点见表 5–12。

表 5–12 配料称量岗位生产前检查与准备操作要点

序号	步骤	操作要点	示意图
1	接收批生产指令	① 接收批生产指令、称量批生产记录(空白)、中间产品交接单、物料标签(空白)等文件 ② 仔细阅读批生产指令,明了产品名称、规格(0.3 g/片)、各物料用量、注意事项等指令	接收批生产相关文件

续表

序号	步骤	操作要点	示意图
1	接收批生产指令	③ 对照批生产指令检查、核对与房间标识卡上的产品名称、规格、批号等要求是否一致 ④ 在批生产指令上签名,填写日期及时间	
2	复核清场	① 检查生产场地是否有上一批生产遗留物 ② 检查称量间门窗、墙壁、地面等是否干净,有无浮尘,是否光洁、明亮 ③ 检查称量间清场合格证和状态标识是否在有效期内 ④ 检查台秤是否悬挂有绿色"已清洁"和"完好"标识,黄色"待运行"标识	环境检查 **清洁状态标识** 未清洁,不可用(　)　　已清洁,可使用(　) 工序/房间:_____ 清洁日期:_____ 清洁有效至:_____ 清洁人:_____ 备注:_____ 清洁状态卡　　设备状态卡 **已清洁**　　**完好** 清洁日期:　年 月 日 时 有效期至:　年 月 日 时 生产前房间与设备标识
3	温湿度与压差检查	检查称量间温湿度、压差是否符合要求:温度 18~26 ℃,相对湿度 45%~65%,称量间保持相对负压	温湿度记录
4	称量用具的准备	① 检查称量用具是否已清洁且在有效期内,若不符合要求,应重新领取 ② 检查一次性手套、洁净塑料袋是否干净,有无破损,并放于指定位置	**已清洁** 清洁日期: 有效期至: 用具"已清洁"标识

续表

序号	步骤	操作要点	示意图
5	物料核对	按批生产指令核对领取的物料品名、用量、生产厂家、批号等是否一致	 核对物料信息
	QA 人员检查复核	按照批生产记录中生产前检查操作要点复核，任何一条不符合要求则不能进入下一程序。QA 人员现场复核无误后签字准产	 复核准产
6	记录填写	① 按照批生产记录填写要求，填写配料称量岗位生产前检查与准备记录 ② 粘贴上批清场合格证（副本）于记录相应位置	 配料称量岗位记录填写

2. 配料称量过程

配料称量操作要点见表 5-13。

表 5-13　配料称量操作要点

序号	步骤	操作要点	示意图
1	天平校验	① 根据产品投料量选择合适量程和精度的电子天平，并开机预热 15~20 min ② 用标准砝码对电子天平进行校验，并填写校验记录，相符方可使用 ③ 操作人员按照工艺规程的公式，根据物料信息对原辅料进行折干折纯计算	 校验记录填写

续表

序号	步骤	操作要点	示意图
2	配料与称量	① 将计量器具空载,根据批生产指令进行配料 ② 操作人员在称量的同时对物料外观性状进行目测,无异常则按照电子天平 SOP 进行称量操作 ③ 根据配料量选取合适的计量器具,称量时一人称量,另一人复核。称量人和复核人及时填写记录 ④ 称量用的容器、取料工具应清洁(每次称量时取料工具应每料一个,不得混用,避免污染),容器外无原有的任何标记。称量后,扎紧塑料袋,填写已称量物料标识卡,一份粘贴在物料塑料袋外,另一份粘贴于批生产记录原辅料配料称量单相应位置 ⑤ 结束称量后,应对计量器具进行使用后校验,并合格,填写校验记录	物料称量
	操作注意事项	① 称量间内同一时间只能称取同一种物料。一种物料称量结束后,用扎带将称量好的物料与剩余物料采用回头扎方式及时封口。填写好封口签(注明启封日期、剩余数量及使用者)粘贴在封口处,放置回已脱包物料暂存间贮存,如不连续生产,要将物料及时退库 ② 下一种物料称量前,清洁秤盘表面,更换手套和料铲 ③ 配料完毕,关闭电子天平电源,称量操作结束后至少开启捕尘设施 10 min 后再关闭 ④ 操作结束后将物料移交至下一生产操作工序	关机
3	清场	① 设备换上"待清洁"状态标识,房间换上"待清场"状态标识 ② 按《配料称量岗位清场标准操作规程》清场,清洁捕尘系统和抹布,清理人员身上、手上及物料台、秤盘表面、地面、工作台上的粉尘,将已使用过的料铲放入指定的袋中保存 ③ 填写清场记录 ④ 电子天平按《电子天平清洁标准操作规程》清洁 ⑤ 清场完毕联系 QA 人员进行清场效果检查,如不合格需重新清场直至检查合格,并及时填写清场记录。QA 人员检查合格后,在清场记录上签名并发放清场合格证	清场

续表

序号	步骤	操作要点	示意图
3	清场	⑥ 及时更换生产设备状态标识为"已清洁" ⑦ 将 QA 人员发放的清场合格证(正本)粘贴在批生产记录相应位置上,副本挂在操作现场	

二、天平的标准操作

以 TCS-150 电子秤为例,称量标准操作要点见表 5-14。

表 5-14　称量标准操作要点

序号	步骤	操作要点	示意图
1	开机	插上电源,按"开/关"键,开机,预热 15 min	开机
2	校正	用标准砝码校正后进入称量状态	天平校正记录表
3	去皮	将用于称量的不锈钢称量桶放在秤台上,按"去皮"键,此时显示值为零	去皮

续表

序号	步骤	操作要点	示意图
4	称量	①将待称量物料放入不锈钢称量桶中,待电子秤的数值稳定便是此次称量的去皮重数据 ②当称同一物料或同一批数量的物料时,可按"累计"键贮存单次重量,称完之后再按"累计重示"键即可显示出此次所称物料的毛重。如想随时查看累计重量,按"累计重示"键,则显示已累计次数及累计重量值,保持2 s后,返回称重状态。如想长时间查看,则按住"累计重示"键不放。如想清除累计,可同时按"扣重"和"累计重示"键,即可清除累计结果,此时累计指示符号熄灭,中途开、关机后,累计结果不再出现	物料称量
5	关机	称重完毕后按"开/关"键便进入关机状态	关机
6	退库	将剩余物料退回至物料暂存间,对剩余量进行过秤登记,备下批使用或按退库处理	物料暂存间
7	清洁	对电子秤按《电子秤清洁标准操作规程》清洁。清洁完毕,挂上"已清洁"状态标识	清洁状态标识更换

三、天平的清洁

每日生产结束;更换品种前;中途停产;清洁合格证超过有效期,开工前;发生异常,影响产品质量时均应对天平进行清洁。天平清洁操作要点见表5-15。

表 5-15 天平清洁操作要点

序号	步骤	操作要点	示意图
1	纯化水擦洗	用洁净抹布浸纯化水擦净电子天平表面,擦洗时间为 5 min	
2	洗洁精擦洗	用洁净抹布浸 1% 的洗洁精擦拭电子天平表面,擦洗时间为 8 min	
3	纯化水擦洗	再用洁净抹布浸纯化水擦洗电子天平表面,擦洗时间为 6 min	
4	消毒	用洁净抹布浸消毒剂对电子天平进行擦拭消毒,消毒剂每月更换,以防产生耐药菌株,单月用 75% 乙醇溶液,双月用 0.2% 苯扎溴铵溶液。消毒结束后有效期为 72 h	擦洗、消毒
5	目检	① 目检已清洁的电子天平表面,应无任何污渍、纤维、色斑、残余物料等 ② 若目检不符合要求,须按上述程序重新清洁	目检
6	悬挂标识	将清洗后的电子天平表面用洁净抹布擦干,待 QA 人员检查合格后悬挂"已清洁"标识	状态标识

四、岗位清场操作

每批生产结束时,清场有效期超限时,生产过程中发生异常情况可能会造成产品污染时应进行清场。清场过程中应遵循先物后地、先内后外、先上后下、先拆后洗、先零后整的擦拭原则。清洁器具常选用洁净抹布和清洁桶,清洁剂选用 1%NaOH 溶液、纯化水,消毒剂选用 75% 乙醇溶液和 0.2% 苯扎溴铵溶液(交替使用)。配料称量岗位清场操作要点见表 5-16。

表 5-16 配料称量岗位清场操作要点

序号	步骤	操作要点	示意图
1	剩余物料的处理	生产结束后,将前次生产剩余物料退回已脱包物料暂存间	暂存间
2	废品处理	将本批的废品、落地药粉存放在指定的容器内,按《车间物料管理规程》统一处理	废品处理
3	环境清洁	每天工作结束后进行日常清洁,用洁净抹布擦拭门窗、墙壁、工作台面、不锈钢凳、地面,并填写清洁记录	清洁记录填写
4	电子天平的清洁	按《电子天平清洁标准操作规程》清洁电子天平	天平清洁
5	设施设备的清洁	按《洁净区区域清洁标准操作规程》清洁操作室、钟表、温湿度计、压差计、通信设施等	操作室清洁

续表

序号	步骤	操作要点	示意图
6	送、回风口的清洁	取洁净抹布浸消毒剂擦拭送、回风口	送、回风口
7	清洁器具的清洁	按《洁净区工器具、容器具清洁标准操作规程》清洁器具,消毒后存放在洁净区内洁具清洗室	已清洁 清洁日期: 有效期至: 待清洁 清洁标识
8	本批生产文件的清除	清除本批产品相关文件资料、生产标识	生产文件清除
9	填写记录	清场后填写清场记录	记录填写
10	QA人员检查	由 QA 人员确认是否清场合格,合格后由 QA 人员在清场记录上签字并发放清场合格证,正本放入批生产记录,副本挂在操作现场。如不合格,应按程序重新清洁,直至检查合格	清场合格证

五、岗位记录填写

1. 填写要求

配料称量岗位批生产记录由岗位操作人员填写,再由岗位负责人及有关规定人员复核签字。不允许事前先填或事后补填,填写内容应真实。填写批生产记录应注意字迹工整、清晰,不允许用铅笔填写,且要求用笔颜色保持一致。批生产记录不能随意更改或销毁,若确实因填错需更改,务必在更改处画一横线后,将正确内容填写在旁边,并签字标明日期。

考核时为确保考评公平公正,原则上不允许岗位操作人员填写真实姓名,应填写准考证号或考试代号等。

2. 生产记录样例

(1) 配料称量岗位生产前检查与准备记录样例　见表 5-17。

表 5-17　配料称量岗位生产前检查与准备记录样例

产品名称		规格		产品批号	
操作间名称/编号		生产批量		万片	
主要计量器具检查					
计量器具名称		型号		是否在检定有效期内	
				[　]是　[　]否	
				[　]是　[　]否	
				[　]是　[　]否	
生产前检查与准备					
检查内容				检查记录	
① 复核清场:确认在清场有效期内,并将清场合格证(副本)粘贴在"清场合格证副本(粘贴处)",确认无上次生产遗留物,没有与本批次生产无关的物料和文件				[　]是　[　]否	
② 确认温度和相对湿度在合格范围内(温度 18~26 ℃,相对湿度 45%~65%),称量间和洁净走廊保持相对负压				[　]是　[　]否	
③ 准备物料标签、扎带、洁净分料袋				[　]是　[　]否	
④ 确认电子台秤、电子计重秤是否有计量合格证且在有效期内,是否用标准砝码校正				[　]是　[　]否	
⑤ 开启称量罩,检查其运行是否正常				[　]是　[　]否	
检查人			复核人		

清场合格证副本(粘贴处)

(2) 配料称量记录样例　　见表 5-18。

表 5-18　配料称量记录样例

产品名称		规格		产品批号	
操作间名称/编号		生产批量			万片

操作要点:

① 依次称取物料,一种物料全部称完再称量下一种物料

② 填写已称量物料标识卡,注明品名、规格、产品批号、配料量、皮重、净重、总重、称量人、操作人、复核人、存放有效期

③ 润滑剂:称取硬脂酸镁、二氧化硅、滑石粉分别装入洁净分料袋中做好标识,装入容器中

④ 黏合剂:称取聚维酮(PVP)装入洁净分料袋中做好标识,装入容器中

物料称量					
称量开始时间		[　　]年[　　]月[　　]日[　　]时[　　]分			
物料名称	批号	物料代码	检验报告单号	皮重	净重
操作人			复核人		
称量结束时间		[　　]年[　　]月[　　]日[　　]时[　　]分			
班组长			中间站操作人		

备注:

（3）配料称量岗位清场记录样例　见表5-19。

表5-19　配料称量岗位清场记录样例

产品名称		规格		产品批号	
操作间名称/编号		生产批量		万片	
清场类型		[　]大清场　　[　]小清场			
清场要求	1. 同品种当天生产结束、换批时进行小清场；大清场后超过有效期进行小清场 2. 同品种连续生产超过7天、换品种、停产3天以上执行大清场 3. 小清场执行小清场操作，大清场执行大清场操作 4. 执行操作在"是"前[　]内打√，未执行操作在"否"前[　]内打√				
清场					
清场操作内容				清场记录	
1. 将称量物料移交中间站操作人转运至中间站或相应操作间				[　]是[　]否	
2. 清除称量过程中产生的废弃物				[　]是[　]否	
3. 将与后续产品无关的文件、记录移出				[　]是[　]否	
4. 设备、管道、工具、容器等	小清场：先将设备、设施台面上异物清理干净，再按照相关设备清洁标准操作规程清洁器具、容器等，定置			[　]是[　]否	
	大清场：除小清场要求外，需对设备管道进行彻底清洁、消毒，定置			[　]是[　]否	
5. 生产环境	小清场：门窗和工作台、凳和地面清洁至无可见残留物			[　]是[　]否	
	大清场：除小清场要求外，需对回风口、天棚、墙面、地漏进行彻底清洁，清洁顺序从上到下			[　]是[　]否	
6. 生产设备和房间状态标识准确、清楚				[　]是[　]否	
7. 清场结束后由班组长或QA人员检查清场是否合格，检查合格签发清场合格证				[　]是[　]否	
清场结束时间	[　　]年[　　]月[　　]日[　　]时[　　]分				
清场人		复核人			

清场合格证正本（粘贴处）

视频：
配料称量
岗位操作

六、常见问题与处理方法

配料称量过程中常见问题与处理方法见表 5-20。

表 5-20 配料称量过程中常见问题与处理方法

问题	原因	处理方法
称量误差	没有按照所称物料选用相应量程的台秤	根据所称物料重量选择合适量程的台秤
记录填写问题	没有及时填写或随意涂改、损坏称量记录	上岗前，应对配料称量岗位人员进行培训，及时、准确填写称量记录
混淆	物料标识不清晰，未认真仔细核对	仔细核对所称物料的品名、批号、称样量等信息，核对无误后方能进行操作
污染与交叉污染	称量间内同时称取多种物料，称量用具未清洁	称量间内同一时间只能称取同一种物料。一种物料称量结束后，用扎带将称量好的物料与剩余物料采用回头扎方式及时封口。每次称量时取料工具应每料一个，不得混用，避免污染

 任务考核

一、考核要求

1. 在线测试（5 min）

请扫描二维码完成在线测试。

在线测试：
配料与称量

2. 实践考核（10 min）

以角色扮演法进行分组考核，要求在规定时间内完成碳酸氢钠片配料称量岗位操作，并填写批生产记录。

（1）分组要求　小组人数不少于 3 人，1 人扮演中间站管理员，1 人扮演考评员，1人扮演岗位操作人员。

（2）场景设置　应至少设有称量间、中间站，配备房间与设备状态标识牌、不锈钢勺与桶、塑料袋与扎带、可粘贴标签、清洁器具等。

（3）其他要求　考核时应提前穿戴洁净服，考核过程中应按照操作要点规范操作，及时如实填写批生产记录等。

二、评分标准

配料称量岗位评分标准见表 5-21。

表 5-21 配料称量岗位评分标准

序号	考试内容	分值/分	评分要点	考生得分	备注
1	生产前检查	15	① 正确检查复核房间状态标识(3分) ② 正确检查复核设备状态标识(3分) ③ 正确检查岗位生产所需空白文件(3分) ④ 正确检查房间温湿度及压差(3分) ⑤ 正确检查配料称量岗位所需仪器、用具(3分)		
2	称量过程	50	① 正确核对物料品名、批号、规格等信息(8分) ② 正确选用台秤(10分) ③ 正确使用台秤(14分) ④ 正确包装已称量物料(10分) ⑤ 正确填写已称量物料标识卡(8分)		
3	清场	15	① 正确更换状态标识(5分) ② 正确清洁台秤(5分) ③ 正确清洁地面、台面(5分)		
4	生产记录	20	① 准确、及时填写生产前检查与准备记录(5分) ② 准确、及时填写称量记录(5分) ③ 准确、及时填写清场记录(5分) ④ 正确粘贴上批清场合格证(副本)(5分)		
			岗位总分		

任务 5.4 混合与制粒

 知识准备

PPT：
混合与制粒

 岗位职责

授课视频：
混合与制粒

　　混合是将两种或两种以上的不同物料,经掺和、搅和或捏合等作用而成均匀状态的单元操作。混合操作是药品生产过程中非常重要的一个环节,其目的是使处方中各成分含量均一,确保用药剂量准确、制剂安全有效。在片剂生产中,若处方成分较多且各成分处方量差异较大,可将物料在制粒前进行干粉预混,通常采用 V 形混合机、三维运动混合机、方锥形混合机等进行混合。混合机内的粒子经随机的相对运动完成混合,其混合原理主要有扩散、对流和剪切 3 种,混合操作的操作规程和注意事项见"任务 5.7 总混"。

　　制粒是将粉状、块状、熔融液、水溶液等状态的物料经加工后,制成具有一定形状

与大小的颗粒状物的操作。对于固体制剂来说,制粒不仅可以改善物料的粉体学性质如流动性、填充性和压缩成型性,还可以减少粉尘飞扬,提高混合效率,改善药物含量均匀度等。

混合制粒岗位操作人员应严格按照混合岗位、制粒岗位职责要求,在固体制剂车间混合制粒组班组长领导下,履行工作职能。

1. 生产准备

进岗前按规定着装,进岗后执行混合制粒岗位 SOP,认真检查混合、制粒设备是否清洁干净,清场状态是否符合规定。根据生产指令,按规定程序从称量间领取物料,核对混合制粒所用物料的名称、数量、规格、外观等,确保不发生混药、错药。

2. 生产操作

严格按照生产指令、混合制粒岗位 SOP 和混合、制粒设备 SOP 进行生产。混合、制粒过程中不得擅自离岗,发现异常应及时进行排除并如实上报。

制粒操作是片剂生产过程中的关键操作之一,制备的颗粒应干燥,大小均匀,色泽一致,无吸潮、软化、结块、潮解等现象。根据制粒时采用的润湿剂或黏合剂的不同,制粒方法通常分为湿法制粒和干法制粒两大类。

湿法制粒技术是指在物料中加入润湿或液态黏合剂进行制粒的方法,湿法制成的颗粒具有流动性好、圆整度高、外形美观、耐磨性较强、压缩成型性好等优点,是目前颗粒剂制备和片剂制粒压片的主流方法。

干法制粒技术是将药物和辅料混合均匀,压缩成块状或大片状后,再粉碎成所需大小的颗粒的方法。这种方法适用于对热敏感的物料、遇水易分解的药物。

根据制粒技术的不同,常用的设备有高速混合制粒机、沸腾制粒机、喷雾干燥制粒机、摇摆式制粒机、旋转式制粒机、滚压式制粒机、锥形整粒机等。

动画:
湿法制粒

（1）高速混合制粒机 是以机身作为支撑,制粒锅为盛料器,搅拌转动与切割刀转动为动力,在搅拌桨的搅拌作用下,使物料在短时间内翻滚混合均匀,再由切割刀制成颗粒,最后从出料口排出,改变搅拌和切割刀的转速,可获得不同大小的颗粒的设备(图5-1、图5-2)。高速混合制粒机操作简单、快速,8~10 min 即可制成一批颗粒;黏合剂用量少,较传统方法少用 15%~25%;在密闭容器内生产,符合 GMP 生产管理要求;所得颗粒质地结实,大小均匀,流动性和可压性好;适合大多数物料的制粒,但对黏性大又不耐热的物料,如乳香、没药和全浸膏等,不宜用其制粒,且此设备为间歇操作,不能连续生产。

动画:
高速混合
制粒机制
粒原理

（2）沸腾制粒机 由过滤器、加热器、物料容器、喷雾室、捕集室、喷枪、引风机等组成(图5-3)。能一步完成物料的混合、制粒和干

图5-1 高速混合制粒机

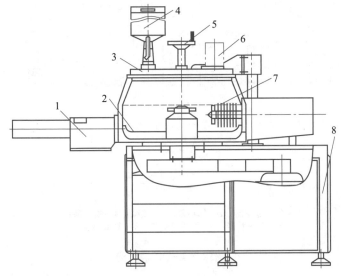

1—气动出料阀；2—搅拌桨；3—顶盖；4—黏合剂加料口；
5—刮粉器；6—排气筒；7—制粒刀；8—机座。

图5-2　高速混合制粒机结构

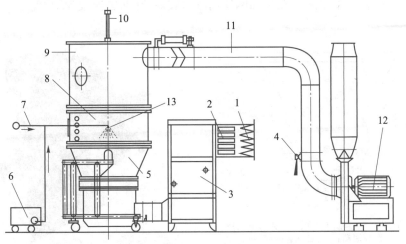

1—初效过滤器；2—亚高效过滤器；3—加热器；4—调风阀；5—物料容器；
6—输液泵；7—压缩空气；8—喷雾室；9—捕集器；10—清灰气缸；
11—排风管；12—引风机；13—喷枪。

图5-3　沸腾制粒机结构

动画：
FZ 系列沸
腾制粒机

燥，所以也被称为"一步制粒机"。沸腾制粒机生产工艺简单，生产时设备密闭，符合
GMP 要求，自动化程度高，生产条件可控，制得的颗粒密度小，流动性和可压性好，适用
于中药类及普通湿法制粒不能成型的物料制粒。

　　(3) 喷雾干燥制粒机　与沸腾制粒机的结构相似，主要由空气过滤器、加热器、喷
嘴、喷雾塔、干料贮器、旋风分离器、袋滤器等构成(图5-4)。生产时，直接将药物与黏
合剂制成含固体 50%~60% 的混悬液或混合浆，通过喷枪将其雾化喷出，热风将液滴干

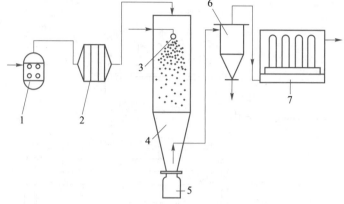

1—空气过滤器；2—加热器；3—喷嘴；4—喷雾塔；
5—干料贮器；6—旋风分离器；7—袋滤器。

图5-4 喷雾干燥制粒机结构

动画：
喷雾干燥制
粒机制粒
原理

燥后制得球形细小颗粒。此设备生产时若仅以干燥为目的，则称为喷雾干燥机。

（4）摇摆式制粒机 主要由加料斗、制粒滚筒、筛网、筛网管夹等组成（图5-5、图5-6）。摇摆式制粒机结构简单，操作、清理方便，产量较大，适用于多种物料的制粒及干颗粒的整粒。不足之处在于筛网使用寿命较短，筛网更换较为频繁。

动画：
摇摆式制粒
机工作原理

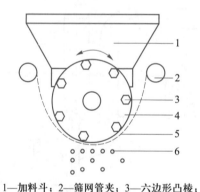

1—加料斗；2—筛网管夹；3—六边形凸棱；
4—制粒滚筒；5—筛网；6—颗粒。

图5-5 摇摆式制粒机结构

图5-6 摇摆式制粒机

（5）旋转式制粒机 由筛筒、碾刀、挡板、颗粒接收盘等组成（图5-7），工作原理与摇摆式制粒机相似，利用挤压力将制备好的软材挤过筛网制粒。此设备结构简单，产量大，适用于黏性较高物料的制粒。

（6）滚压式制粒机 主要由加料斗、螺旋推进器、辊压轮、压力调节器、粉碎装置、整粒装置等构成（图5-8）。此设备与传统的重压制粒相比，制得的颗粒更均匀，成品率更高，是干法制粒的首选设备。

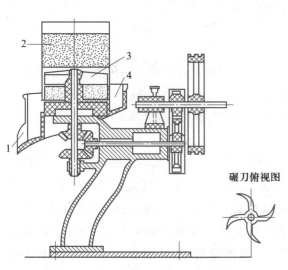

1—颗粒出口；2—筛筒；3—挡板；4—颗粒接收盘。

图5-7 旋转式制粒机结构

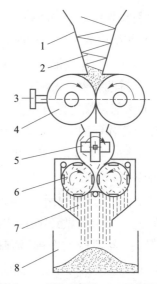

1—加料斗；2—螺旋推进器；3—压力调节器；
4—辊压轮；5—粉碎装置；6—整粒装置；
7—颗粒；8—物料槽。

图5-8 滚压式制粒机结构

动画：
干法制粒机
制粒原理

（7）锥形整粒机 主要用于湿颗粒的整粒。其原理是，将湿颗粒加入粉碎整粒机的加料口后，颗粒落入锥形工作室，由旋转回转刀对颗粒起旋流作用，并以离心力将颗粒甩向筛网面，同时由于回转刀的高速旋转与筛网面产生剪切作用，颗粒在旋转刀与筛网间被粉碎成小颗粒并经筛网排出（图5-9）。粉碎的颗粒大小，由筛网的目数、筛网形状、回转刀与筛网之间的间距以及回转刀转速的快慢来调节。

图5-9 锥形整粒机及筛网

药物制剂生产职业技能等级证书考核建议使用高速混合制粒机，见图5-1。本书以SMG3/6/10高速混合制粒机为例讲述制粒操作过程。

3. 生产结束

生产完毕，按规定进行物料移交，按要求填写移交单据，并认真如实填写各生产记

录,余料按规定退至中间站。

工作结束或更换品种时,严格按制粒设备清洁 SOP 清洁设备,按本岗位清场 SOP 清场,认真填写相应记录,经 QA 人员检查合格后,悬挂清场合格标识。

4. 其他要求

上岗前按规定做好个人卫生,着装整洁,上岗后及时检查本岗位场所内及设备卫生,做好操作前的一切准备工作。负责按生产指令对物料品名、规格、批号、数量进行核对。严格按处方要求、工艺规程及岗位操作程序进行操作,必须参数准确,标识醒目,不准出现任何差错。

工作期间严禁脱岗、串岗,不做与岗位工作无关之事,应加强工作责任心。及时、准确填写生产记录,做到字迹清晰、内容真实、数据完整,不得任意涂改和撕毁。做到生产岗位各种标识准确、清晰明了;经常检查设备运转情况,注意设备保养,操作时发现故障应及时上报。班前班后和投料前后均必须核对物料品名、规格、编号(或批号),复核称量,不得有误。工作结束时,仪器设备、用具的清洁按有关 SOP 进行操作。

 任务实施

一、混合制粒岗位操作

1. 生产前检查与准备

混合制粒岗位生产前检查与准备操作要点见表 5-22。

视频:
制粒岗位标
准操作规程

表 5-22　混合制粒岗位生产前检查与准备操作要点

序号	步骤	操作要点	示意图
1	接收批生产指令	① 接收批生产指令、制粒批生产记录(空白)、中间产品交接单、物料标签(空白)等文件 ② 仔细阅读批生产指令,明了产品名称、规格、各物料用量、注意事项等指令 ③ 对照批生产指令检查和核对与房间标识卡上的产品名称、规格、批号等要求是否一致 ④ 在批生产指令上签上姓名、日期及时间	生产文件

续表

序号	步骤	操作要点	示意图
2	复核清场	① 检查生产场地是否有上一批生产遗留物 ② 检查制粒间门窗、墙壁、地面等是否干净，有无浮尘，是否光洁、明亮 ③ 检查制粒间清场合格证和状态标识是否在有效期内 ④ 检查高速混合制粒机是否已清洁，是否悬挂有绿色"已清洁"和"完好"标识，黄色"待运行"标识	 生产前房间状态检查 生产前设备状态检查
3	温湿度与压差检查	检查制粒间温湿度、压差是否符合要求：温度 18~26 ℃，相对湿度 45%~65%，制粒间保持相对负压	温湿度记录
4	制粒用具的准备	检查制粒用具、洁净不锈钢盆、硅胶刷是否已清洁且在有效期内，若不符合要求，应重新领取	**已清洁** 清洁日期： 有效期至： 用具"已清洁"标识
5	物料核对	按批生产指令核对领取的物料品名、用量、批号等是否一致	核对物料

续表

序号	步骤	操作要点	示意图
6	QA人员检查复核	① 按照批生产记录中生产前检查操作要点复核,任何一条不符合要求则不能进入下一程序 ② QA人员现场复核无误后签字准产	 复核准产
7	记录填写	① 按照批生产记录填写要求,填写混合制粒岗位生产前检查与准备记录 ② 粘贴上批清场合格证(副本)于记录相应位置	混合制粒岗位生产前 检查与准备记录
8	状态更换	① 操作人员按照生产指令更换房间状态标识 ② 操作人员及时将生产设备状态标识更换为"运行"	设备状态卡 运　行 设备"运行"状态标识

2. 生产过程

混合制粒操作要点见表5-23。

表 5-23　混合制粒操作要点

序号	步骤	操作要点	示意图
1	开机前检查	① 检查各机械部分、电气按钮、开关各部分是否正常 ② 打开压缩空气阀门,关闭容器密封盖及出料口,系紧除尘袋 ③ 关闭出料活塞,关闭容器密封盖	系紧除尘袋
2	开机	① 按下绿色开机按钮,等待 5 s,进入主界面 ② 检查主界面报警指示数字,确认为"0" ③ 在登录框内输入用户名和密码,进入系统,点击"操作",进入操作界面 ④ 设定混合、制粒参数,点击"容器密封",待密封完成,依次点击"混合""制粒",均空转 30 s,检查设备能否正常运行	开机界面 开机试运行
3	装料	关闭"容器密封"按钮,关闭压缩空气,打开容器密封盖,按工艺规定加入原辅料,然后关闭容器密封盖	装料操作界面 装料操作

101

续表

序号	步骤	操作要点	示意图
4	制粒	① 按工艺要求设定混合、制粒、出料的工艺参数 ② 先点击"容器密封",再点击"混合"按钮 ③ 混合结束,关闭"容器密封",从漏斗加入处方量的黏合剂,加料完毕,关闭漏斗 ④ 先点击"容器密封",再点击"制粒"按钮 ⑤ 待制粒结束,打开上盖,检查制成的颗粒是否符合工艺要求	设定制粒参数
5	出料	① 关闭上盖,打开出料口,在容器密封状态下,点击"出料"或"点动出料",搅拌桨停止转动约20 s方能开启上盖。检查出料是否完全,若不完全,再次重复操作 ② 出料完毕后,关闭出料口	出料操作
6	湿颗粒整粒	将湿颗粒放入整粒机内进行湿法整粒	整粒操作
7	记录填写	按照批生产记录要求填写制粒记录	记录填写

续表

序号	步骤	操作要点	示意图
8	物料交接	① 将湿颗粒移交中间站 ② 工序操作人填写物料交接单,一式两份(一份粘贴于批生产记录中,一份保存于中间站管理员处)	物料交接
9	清场	① 设备换上"待清洁"状态标识,房间换上"待清场"状态标识 ② 按照《制粒设备清洁标准操作规程》清洁设备,按照《制粒岗位清场标准操作规程》清场 ③ 认真填写相应记录,粘贴清场合格证(正本)于记录中 ④ 经 QA 人员检查合格后,悬挂清场合格标识	更换状态标识

二、黏合剂的配制

黏合剂配制操作要点见表 5-24。

表5-24　黏合剂配制操作要点

序号	步骤	操作要点	示意图
1	生产前检查	① 确认容器、工具的清洁符合要求 ② 检查黏合剂、纯化水所需用量及物料是否合格,玉米淀粉浆浓度为10%	确认容器、工具清洁

103

序号	步骤	操作要点	示意图
2	配制	① 先取处方量的纯化水,在搅拌下润湿处方量的玉米淀粉 ② 将容器置于水浴中加热使淀粉糊化 ③ 加热过程中随时搅拌,淀粉浆变为无色透明黏稠液体时即得	 制备淀粉浆
3	记录填写	按照批生产记录要求填写黏合剂配制记录	黏合剂配制记录
4	物料交接	将制备的黏合剂移交给制粒操作人	移交黏合剂
5	清场	① 设备换上"待清洁"状态标识,房间换上"待清场"状态标识 ② 按照黏合剂配制清场记录要求清洁设备、仪器与房间 ③ 认真填写相应记录,粘贴清场合格证(正本)于记录中 ④ 经 QA 人员检查合格后,悬挂清场合格标识	黏合剂配制清场记录

三、高速混合制粒机的标准操作

高速混合制粒机标准操作要点见表 5-25。

表 5-25　高速混合制粒机标准操作要点

序号	步骤	操作要点	示意图
1	操作前准备	① 查看设备的使用记录,了解设备的运行情况,确认设备能正常运行 ② 检查设备的清洁情况(锅内有无异物),并进行必要的清洁 ③ 检查各机械部分、电气按钮、开关各部分是否正常(搅拌桨与切割刀是否按要求紧固) ④ 打开压缩空气阀门,关闭容器密封盖及出料口,系紧除尘袋	设备状态标识检查 设备检查
2	生产操作	① 按下开机按钮,进入主界面 ② 检查主界面报警指示数字是否为"0",若不为"0",点击报警指示,并按指示检查并排除报警信息,若不能排除,应立即与设备管理人员联系,待报警排除后方能进行后续操作 ③ 在登录框中输入用户名、密码进入系统,点击"操作",进入操作界面 ④ 设定混合参数、制粒参数、出料参数。点击"容器密封",待密封完成,依次点击"混合""制粒""出料""点动出料",空转,检查设备能否正常运行(一般混合、制粒时应低速搅拌,高速切割,如搅拌速度为 120 r/min,切刀速度为 1 500 r/min;而出料时则应提高搅拌速度,降低切刀速度,如搅拌速度为 200 r/min,切刀速度为 1 000 r/min。试运行时间均为 30 s)	故障排除 开机操作

续表

序号	步骤	操作要点	示意图
2	生产操作	⑤ 点击"容器密封"按钮,关闭压缩空气。打开容器密封盖,按工艺规程加入定量的物料,加料完毕后应清洁台面,最后关好上盖 ⑥ 按工艺要求设定混合、制粒、出料的工艺参数 ⑦ 先点击"容器密封",再点击"混合"按钮 ⑧ 混合结束,关闭"容器密封",从漏斗加入处方量的黏合剂,加料完毕,关闭漏斗 ⑨ 先点击"容器密封",再点击"制粒"按钮 ⑩ 待制粒结束,打开上盖,检查制成的颗粒是否符合工艺要求 ⑪ 关闭上盖,打开出料口,在容器密封状态下,点击"出料"或"点动出料",搅拌桨停止转动约20 s方能开启上盖。检查出料是否完全,若不完全,再次重复操作 ⑫ 出料完毕后,关闭出料口 ⑬ 按要求准确、及时填写设备使用记录。生产过程中随时保持设备的清洁	 设置参数 容器密封 空机运转 加入物料 加入黏合剂

续表

序号	步骤	操作要点	示意图
2	生产操作		制粒 出料
3	关机	① 制粒结束后关机,点击"返回"进入开机界面,点击"退出",进入关机界面,点击"关机",设备系统关机。也可以再次点击一次电源键,待屏幕进入关机界面,点击"关机",设备系统关机 ② 关闭空气压缩机,关闭电源,关闭有关阀门	关机操作
4	清洁	按照《制粒设备清洁标准操作规程》清洁设备,清洁完毕,挂上"已清洁"标识	设备清洁

视频:
SMG3/6/10
高速混合制
粒机标准操
作规程

知识拓展:
SMG3/6/10
高速混合制
粒机操作说
明书

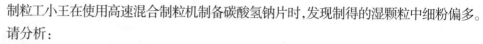

▶▶▶ **实例分析**

实例分析:
湿颗粒细粉
过多

制粒工小王在使用高速混合制粒机制备碳酸氢钠片时,发现制得的湿颗粒中细粉偏多。
请分析:

(1) 可能的原因有哪些?

(2) 可采用哪些方法解决?

四、高速混合制粒机的清洁

视频:
高速混合制
粒机清洁标
准操作规程

　　每班生产结束、超过清洁有效期进行小清洁;换品种、停产 3 天、连续生产同一产品超过 7 天、设备大修、突发事件、设备被污染、闲置设备重新启用时进行大清洁,大清洁需要拆卸视窗、搅拌桨、切割刀等直接接触药品的部件,采用手工冲洗法进行清洗,具体清洁过程见表 5-26。

表 5-26　高速混合制粒设备清洁标准操作要点

序号	步骤	操作要点	示意图
1	除尘	拆下除尘袋,用毛刷除去除尘口、锅盖上残留的粉末	拆下除尘袋
2	除残料	用铲刀、毛刷清理出锅内残料	除残料
3	饮用水清洗	① 在容器密封状态下,向锅内注入 1/3 容积的饮用水,关闭锅盖及出料口	注入饮用水

续表

序号	步骤	操作要点	示意图
3	饮用水清洗	② 设定制粒转速,启动制粒按钮,运转 3 min,打开出料口,放出清洗水 ③ 打开锅盖,用洁净浅色抹布擦拭锅体内表面、混合浆轴、切刀轴至无残留物 ④ 拆下搅拌浆、切割刀、视窗、加液漏斗及相应密封垫圈 ⑤ 用洁净深色抹布擦拭设备外表面	 清洁锅内壁 拆卸清洗
4	纯化水清洗	① 除尘袋、搅拌浆、切割刀、视窗、加液漏斗及相应密封垫圈用纯化水冲洗至无可见残留物 ② 将除尘袋、搅拌浆、切割刀、视窗、加液漏斗放入烘箱(80~90 ℃)烘干,密封垫圈用抹布擦干 ③ 设备内外表面用纯化水清洁,用洁净浅色抹布擦拭物料容器、锅盖、出料口至洁净,用洁净深色抹布擦拭设备外表面	可拆卸部件清洗干净 设备内表面清洁 设备外表面清洁

续表

序号	步骤	操作要点	示意图
5	消毒	清洁后,用洁净抹布浸 75% 乙醇擦拭或直接喷洒锅体内表面、搅拌桨及切割刀等直接接触药物的部位 3 遍,自然风干	设备消毒
6	目检	已清洁设备内外表面、搅拌桨及切割刀等应光亮,表面目测无可见残留物,各部位无水迹;用白色洁净抹布擦拭搅拌桨及切割刀后,应无可见污迹。若不符合要求,须按上述程序重新清洗	目检
7	悬挂标识	将清洗后的设备表面用洁净抹布擦干,待 QA 人员检查合格后悬挂"已清洁"标识	QA 人员检查 更换标识

视频:
锥形整粒机
标准操作
规程

五、锥形整粒机的标准操作

锥形整粒机标准操作要点见表 5-27。

表 5-27　锥形整粒机标准操作要点

序号	步骤	操作要点	示意图
1	操作前准备	① 检查设备是否有"完好""已清洁"标识且在有效期内,检查各紧固螺母是否拧紧,各零部件是否齐全,筛网孔径及垫圈高度是否符合要求 ② 接通电源,按绿色"启动"按钮,再按"向下"按钮,使显示屏显示为赫兹数字 ③ 旋转调节旋钮,将数字调节至 20~30,点击"RUN"按钮,检查机器运转是否正常,有无杂音,无误后方可使用 ④ 检查完毕,先将旋钮调至"0",再点击"STOP"按钮,停机	检查设备 开机 设置转速 试运行

续表

序号	步骤	操作要点	示意图
2	生产操作	① 逆时针旋转整粒机料斗盖上的紧固螺栓,打开整粒机料斗盖,将制备好的湿颗粒放入整粒机料斗内,并将不锈钢桶置于出料口下方 ② 根据工艺规程要求旋转调节旋钮至工艺要求所需赫兹数,点击"RUN"按钮,调节进料速度整粒 ③ 待整粒结束后,调节速度为"0",再按下红色的"STOP"按钮,将赫兹数归零,然后点击红色"急停"按钮,按顺时针旋转到底,机器停止运转,关闭总电源 ④ 按要求准确及时填写设备使用记录。生产过程中随时保持设备的清洁	 开盖 加入颗粒 调节进料速度 按下"急停"按钮 填写记录

续表

序号	步骤	操作要点	示意图
3	关机	整粒结束后关机。生产结束后关闭总电源	关闭总电源
4	清洁	按照《整粒设备清洁标准操作规程》清洁设备,清洁完毕,挂上"已清洁"标识	清洁状态卡 已清洁 清洁日期:　　年　月　日　时 有效期至:　　年　月　日　时 "已清洁"标识

六、摇摆式制粒机的标准操作

若无锥形整粒机,可采用摇摆式制粒机进行湿颗粒整粒,标准操作要点见表5-28。

表5-28　摇摆式制粒机整粒标准操作要点

序号	步骤	操作要点	示意图
1	操作前准备	① 检查设备清洁状况 ② 检查筛网:根据品种要求,领取所需目数的筛网,并检查筛网是否破损或变形 ③ 将洁净干燥的刮粉轴装入机器,装上刮粉轴前端固定压盖,拧紧螺母 ④ 将卷网轴装到机器上,筛网的两端插入卷网轴的长槽内 ⑤ 卷动卷网轴的手轮,将筛网包在刮粉轴的外缘上,并调松紧至适当	检查筛网 安装筛网

续表

序号	步骤	操作要点	示意图
2	生产操作	① 接通电源,打开控制开关,观察机器运转情况,若无异常声音,刮粉轴转动平稳则可投入正常使用。注意不要将手或其他物品接近刮粉轴以防受伤 ② 将物料均匀倒入料斗内。根据物料性质控制加料速度,物料在料斗中应保持一定的高度。加入软材量要适当,太少不利于成粒,太多影响设备和筛网使用寿命,软材加入太多也易结团,影响下料 ③ 料斗中软材颗粒形成拱桥时,可用不锈钢铲去翻动,使软材能顺利出料。但要注意铲子不得与刮粉轴平行,防止铲子插入刮粉轴内而损坏设备	整粒操作
3	关机	整粒结束后关机	
4	清洁	按照《整粒设备清洁标准操作规程》清洁设备,清洁完毕,挂上"已清洁"标识	

七、锥形整粒机的清洁

每班生产结束、超过清洁有效期进行小清洁;换品种、停产3天、连续生产同一产品超过7天、设备大修、突发事件、设备被污染、闲置设备重新启用时进行大清洁,大清洁需要拆卸设备可拆卸管道和密封垫圈等,用手工冲洗法进行清洗,具体清洁过程见表5-29。

表5-29　锥形整粒机清洁标准操作要点

序号	步骤	操作要点	示意图
1	除尘	用毛刷除去物料粉碎室、物料管道内残留的物料	除尘

右上角：续表

序号	步骤	操作要点	示意图
2	饮用水清洗	① 拆下搅拌桨和筛网,用饮用水冲洗 ② 先将设备内、外表面初洗干净,再用洁净深色抹布擦拭设备外表面,用洁净浅色抹布擦拭物料粉碎室、加料斗等内部至洁净	拆卸部件清洁
3	纯化水清洗	① 将搅拌桨和筛网用纯化水冲洗至表面无可见异物 ② 将搅拌桨和筛网用烘箱(80~90 ℃)烘干 ③ 先将设备内、外表面精洗干净,再用洁净深色抹布擦拭设备外表面,用洁净浅色抹布擦拭物料粉碎室、加料斗等内部至洁净	设备清洁
4	消毒	用75%乙醇喷洒并擦拭3遍,自然风干	75%乙醇消毒
5	目检	已清洁设备表面目测无可见残留物,各部位无水迹;用白色洁净抹布擦拭搅拌桨、筛网后,应无可见污迹。若不符合要求,须按上述程序重新清洗	目检
6	悬挂标识	将清洗后的设备表面用洁净抹布擦干,待QA人员检查合格后悬挂"已清洁"标识	○ **清洁状态卡** **已清洁** 清洁日期:　　年　月　日　时 有效期至:　　年　月　日　时 "已清洁"标识

知识拓展:
摇摆式制粒
机的清洁

八、岗位清场操作

每批生产结束时,清场有效期超限时,生产过程中发生异常情况可能会造成产品污染时应进行清场。清洁原则:先物后地,先内后外,先上后下,先拆后洗,先零后整。清洁器具常选用洁净抹布和清洁桶,清洁剂选用1%氢氧化钠溶液、纯化水,消毒剂选用75%乙醇溶液和0.2%苯扎溴铵溶液(交替使用)。具体清场过程见表5-30。

表5-30 岗位清场标准操作要点

序号	步骤	操作要点	示意图
1	更换房间状态标识	制粒结束,更换房间状态标识为黄色"待清场"	 **待清场** 有效期至: 年 月 日 时 "待清场"标识
2	清场与复核检查	① 将本批的废弃物放在指定的容器内,统一处理。每天工作结束后进行日常清洁,用洁净抹布擦拭门窗、墙壁、工作台面、不锈钢凳、地面 ② 按《制粒设备清洁标准操作规程》清洁制粒机、整粒机 ③ 取洁净抹布浸消毒剂擦拭送、回风口。清洁操作室、钟表、温湿度计、压差计、通信设施等 ④ 将清洁器具移至清洁间,清洁干净 ⑤ 由QA人员确认清场是否合格,合格后由QA人员在清场记录上签字并发放清场合格证,正本附入清场记录,副本置于操作现场。若不合格,需按程序重新清洁,直至检查合格	 填写清场记录
3	更换房间状态标识	清场复核结束,更换房间状态标识为绿色"已清场"	 更换"已清场"标识

九、岗位记录填写

1. 填写要求

混合制粒岗位批生产记录由岗位操作人员填写,再由岗位负责人及有关规定人员复核签字。不允许事前先填或事后补填,填写内容应真实。填写批生产记录应注意字迹工整、清晰,不允许用铅笔填写,且要求用笔颜色保持一致。批生产记录不能随意更改或销毁,若确实因填错需更改,务必在更改处画一横线后,将正确内容填写在旁边,并签字标明日期。

考核时为确保考评公平公正,原则上不允许岗位操作人员填写真实姓名,应填写准考证号或考试代号等。

2. 生产记录样例

(1) 混合制粒岗位生产前检查与准备记录样例　见表 5-31。

表 5-31　混合制粒岗位生产前检查与准备记录样例

产品名称		规格		产品批号	
操作间名称/编号		制粒间		生产批量	
生产时间	[　]年[　]月[　]日[　]时[　]分——[　]时[　]分				
主要生产设备	[　]SMG3/6/10 高速混合制粒机(编号:SC-YZ-PJ-1083) [　]ZGZB-250A 锥形整粒机(编号:SC-YZ-PJ-1084)				
生产前检查与准备					
检查内容				检查记录	
1. 复核清场:确认在清场有效期内,将清场合格证(副本)粘贴在"清场合格证副本(粘贴处)"。确认无上次生产遗留物,没有与本批次生产无关的物料和文件				[　]是　[　]否	
2. 确认温度和相对湿度在合格范围内(温度 18~26 ℃,相对湿度 45%~65%)。制粒间与前室,总混间与前室均保持相对负压				[　]是　[　]否	
3. 确认电气供应正常,已开启				[　]是　[　]否	
4. 检查各设备是否完好,并正确安装固定好筛网等配件				[　]是　[　]否	
5. 确认各设备空机运行正常				[　]是　[　]否	
检查人			复核人		

清场合格证副本(粘贴处)

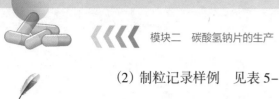

（2）制粒记录样例 见表5-32。

表5-32 制粒记录样例

制粒记录					
交接物料	物料袋号				
	中间站操作人			物料接收人	
产品名称		规格	/包	产品批号	
操作间名称/编号		制粒间		生产批量	

操作要点：

1. 湿法制粒：将碳酸氢钠、玉米淀粉移入高速混合制粒机中，以低速搅拌、高速切刀混合3 min，将粉料混合均匀之后加入10%淀粉浆，以高速搅拌、低速切刀混合粉料4 min，制成松散细颗粒放出，放出的颗粒过锥形整粒机/40目筛备用

2. 填写好湿颗粒流转桶卡（品名、规格、产品批号、桶号、粉料接收人、毛重、皮重、净重、操作人、中间站、存放有效期等项目）

3. 将颗粒送入干燥岗位

操作记录				

每锅干粉搅拌速度:[ ]r/min,切刀速度:[ ]r/min;混合时间:[ ]min,加入10%淀粉浆后搅拌速度:[ ]r/min,切刀速度:[ ]r/min

袋号	加10%淀粉浆量/g		湿混时间/min	
1				
锥形整粒机		方孔筛网直径		
操作人	复核人	下一岗位操作人	工序负责人	质监员

备注：

（3）混合制粒岗位清场记录样例　见表 5-33。

表 5-33　混合制粒岗位清场记录样例

产品名称		规格		产品批号	
操作间名称/编号		生产批量		万片	
清场类型		[ ]大清场		[ ]小清场	
清场要求	1. 同品种当天生产结束、换批时进行小清场；大清场后超过有效期进行小清场 2. 同品种连续生产超过 7 天、换品种、停产 3 天以上执行大清场 3. 小清场执行小清场操作，大清场执行大清场操作 4. 执行操作在"是"前[ ]内打√，未执行操作在"否"前[ ]内打√				

清场	
清场操作内容	清场记录
1. 将制备的颗粒移交中间站或下一工序操作间	[ ]是 [ ]否
2. 清除制粒过程中产生的废弃物	[ ]是 [ ]否
3. 将与后续产品无关的文件、记录移出	[ ]是 [ ]否
4. 设备、管道、工具、容器等	小清场:先将设备、设施台面上的异物清理干净，再按照相关设备清洁标准操作规程进行清洁，工具、容器等清洁，定置 　[ ]是 [ ]否
	大清场:除小清场要求外，需对设备管道进行彻底清洁、消毒，定置 　[ ]是 [ ]否
5. 生产环境	小清场:门窗和工作台、凳和地面清洁至无可见残留物 　[ ]是 [ ]否
	大清场:除小清场要求外，需对回风口、天棚、墙面、地漏进行彻底清洁，清洁顺序从上到下 　[ ]是 [ ]否
6. 生产设备和房间状态标识准确、清楚	[ ]是 [ ]否
7. 清场结束后由班组长或 QA 人员检查清场是否合格，检查合格签发清场合格证	[ ]是 [ ]否
清场结束时间	[ ]年[ ]月[ ]日[ ]时[ ]分
清场人	复核人

清场合格证正本(粘贴处)

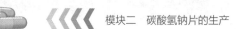

十、常见问题与处理方法

混合制粒、整粒常用设备问题与处理方法见表 5-34 和表 5-35。

表 5-34 高速混合制粒机常见问题与处理方法

问题	原因	处理方法
有异常声音	1. 可能投料过多造成搅拌桨停转 2. 搅拌桨或制粒刀脱落 3. 有金属物混入物料中	1. 立即停机 2. 停机检查 3. 停机清除
频频出现黏壁现象	1. 黏合剂种类选择不当或用量过大 2. 加热温度过高 3. 搅拌时间太长	停机刮下壁上黏附的物料;重新调节处方和工作参数
控制面板失控	线路连接不良等	立即断开电源
检查得不到合格颗粒	药粉与润湿剂比例不合适或黏合剂、润湿剂加入方式不等	最好预制颗粒得到可靠参数
制粒机启动不起来	1. 电源未接通 2. "急停"按钮按下 3. 搅拌速度过慢 4. 锅盖未关闭或关闭不良 5. 容器密封未开启	1. 检查是否正常通电 2. 复位"急停"按钮 3. 调整搅拌速度至 30 r/min 以上 4. 关闭锅盖 5. 先开启容器密封

表 5-35 摇摆式制粒机常见问题与处理方法

问题	原因	处理方法
通电后刮粉轴不转动	刮粉轴被异物卡住	关机,取下刮粉轴,将异物除掉
机器振动,有异响	地面不平	搬至平坦地方进行操作
所制出的颗粒不均匀	筛网被损坏	更换筛网
颗粒表面粗糙	含水率高	降低含水率
颗粒中含粉过多	含水率低	提高含水率

视频:
颗粒剂企业生产反面案例

 任务考核

一、考核要求

1. 在线测试(5 min)

请扫描二维码完成在线测试。

2. 实践考核(30 min)

(1) 内容要求 依据 GMP、《中国药典》(2020 年版),药物制剂生产职业技能等级证书考核大纲、配套教材和数字化资源组织现场考试。

(2) 场景设置 模拟 GMP 场地或实训室,至少应设有制粒间、中间站,配备房间与

在线测试:
混合与制粒

设备状态标识牌、不锈钢勺与桶、塑料袋与扎带、可粘贴标签、清洁器具等。

(3) 其他要求　考核时应提前穿戴洁净服,考核过程中应按照操作要点规范操作,及时如实填写批生产记录等。

二、评分标准

混合制粒岗位评分标准见表 5-36。

表 5-36　混合制粒岗位评分标准

序号	考试内容	分值/分	评分要点	考生得分	备注
1	复核清场	10	① 检查场地、设备状态,及时更换生产状态标识(3分) ② 正确填写温度表、湿度表、压力表、记录表(2分) ③ 检查清场合格证(副本),确认有效期,并将其粘贴于生产前检查与准备记录中(3分) ④ 核对本次批生产记录文件是否齐全(2分)		
2	领取物料	8	① 正确领取物料(4分) ② 正确转运物料至制粒间(4分)		
3	开机前检查	9	① 正确检查机械部分、电气按钮、开关各部分是否正常(3分) ② 正确打开压缩空气阀门,关闭容器密封盖及出料口,系紧除尘袋(3分) ③ 正确开机,进行空机运转(3分)		
4	开机运行	22	① 正确更换设备状态标识(2分) ② 正确开机,检查主界面报警指示(4分) ③ 正确设定制粒参数(6分) ④ 正确加入制粒物料(2分) ⑤ 正确加入黏合剂(2分) ⑥ 混合制粒流程正确(2分) ⑦ 正确观察判断物料制粒状况(2分) ⑧ 正确出料(2分)		
5	停机	2	停机程序正确(2分)		
6	整粒	11	① 开机前,正确检查筛网孔径(2分) ② 根据工艺要求设定整粒速度参数(2分) ③ 正确进行湿法整粒(2分) ④ 正确关机,更换设备状态标识(2分) ⑤ 正确移交物料(3分)		
7	清洁清场	18	① 更换房间状态标识和设备状态标识(4分) ② 正确选择清洁器具,清洁清场程序正确(14分)		
8	记录填写	20	① 及时填写生产记录(6分) ② 正确填写设备使用记录(4分) ③ 正确填写生产前检查与准备记录(5分) ④ 正确粘贴清场合格证(副本)(5分)		
岗位总分					

PPT:
干燥

授课视频:
干燥

任务 5.5　干　　燥

　知识准备

▶▶▶ **岗位职责**

干燥岗位操作人员应严格按照干燥岗位职责要求,在固体制剂车间干燥组班组长领导下,履行工作职能。

1. 生产准备

进岗前按规定着装,进岗后执行干燥岗位 SOP,认真检查干燥设备是否清洁干净,清场状态是否符合规定。根据生产指令,按规定程序从中间站领取物料,核对干燥所用物料的名称、数量、规格、形状等,确保不发生混药、错药。

2. 生产操作

严格按照生产指令、干燥岗位 SOP 和干燥设备 SOP 进行生产。干燥过程中不得擅自离岗,发现异常应及时进行排除并如实上报。

知识拓展:
干燥机制

干燥是制剂生产重要的单元操作,在制剂生产中涉及干燥操作的岗位有:中药材干燥、制剂中间产品(如中药浸膏、片剂的湿颗粒)干燥、制剂成品(如颗粒剂、丸剂)干燥及包装材料干燥等。干燥的物料大部分为固体,也有半固体和液体。干燥程度根据制剂工艺的要求而有所不同。

根据干燥常用技术的不同,常用的设备有厢式干燥设备、喷雾干燥设备、流化床干燥设备及隧道干燥设备等。

(1) 厢式干燥设备　是空气干燥的常用设备。小型的称为烘箱,大型的称为烘房。主要以蒸汽或电能为热源,为间歇式干燥器。其设备简单,操作方便,适应性强,适用于小批量生产物料的干燥,干燥后物料破损少、粉尘少。缺点是干燥时间长、物料干燥不够均匀、热利用率低、劳动强度大。厢式干燥设备多用于药材提取物及丸剂、散剂、颗粒等的干燥,亦常用于中药材的干燥。

(2) 喷雾干燥设备　由雾化器、干燥器、旋风分离器、风机、加热器、压缩空气等组成。其工作原理是空气经过滤和加热,进入干燥器顶部空气分配器,沿切线方向均匀地进入干燥室。原料液经干燥器顶部的高速离心雾化器,喷雾成极细微的雾状液滴,与热空气接触,在极短的时间内可干燥为成品。成品连续地由干燥器底部和旋风分离器中输出,废气由风机排空。

(3) 流化床干燥设备　也称沸腾干燥设备,有立式和卧式两种,在制剂工业中常用卧式多室流化床干燥器。它由空气过滤器、沸腾床主机、旋风分离器、布袋除尘器、高压

离心通风机、操作台等组成。其工作原理是将湿物料由加料器送入干燥器内多孔气体分布板(筛板)上,空气经预热器加热后吹入干燥器底部的气体分布板,当气体穿过物料层时物料呈悬浮状做上下翻动,使物料得到干燥,干燥后的产品由出料口排出,废气由干燥器的顶部排出,经袋滤器或旋风分离器回收其中夹带的粉尘后排空。流化床干燥设备广泛地应用于颗粒的干燥。

(4) 隧道干燥设备 通常由隧道和小车或传送带组成。其工作原理是将被干燥的物料放置在小车内、传送带或架盘上,物料沿着隧道式的干燥通道缓慢向前移动,如此循环,达到干燥目的。隧道干燥设备加料和出料在干燥隧道的两端进行,热源可采用蒸汽、电能、红外线等,干燥隧道越长,干燥越均匀。隧道干燥设备可用于中药材、中药饮片、中药丸剂、安瓿等的干燥。

知识拓展:
干燥常用
技术

药物制剂生产职业技能等级证书考核建议使用流化床干燥设备,如图 5-10 所示。本书以 DPL-Ⅱ型实验型多功能流化床(图 5-10、图 5-11)为例讲述干燥操作过程。

图 5-10 流化床

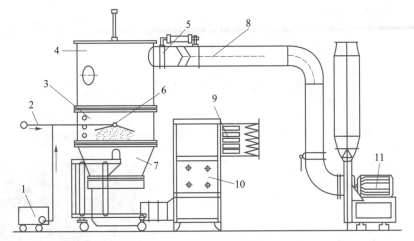

1—输液泵;2—压缩空气;3—喷雾室;4—收集室;5—风门;6—喷枪;
7—物料容器;8—排风管;9—空气过滤器;10—加热器;11—引风机。

图 5-11 流化床结构

3. 生产结束

生产完毕,按规定进行物料移交,按要求填写移交单据,并认真如实填写各生产记录。做到字迹清晰、内容真实、数据完整、不得任意涂改和撕毁。余料按规定退至中间站。

工作结束或更换品种时,严格按干燥设备清洁 SOP 清洁设备,按本岗位清场 SOP 清场,认真填写相应记录,经 QA 人员检查合格后,悬挂清场合格标识。

4. 其他要求

工作期间严禁脱岗、串岗,不做与岗位工作无关之事;做到生产岗位各种标识准

确、清晰明了;经常检查设备运转情况,注意设备保养,操作时发现故障应及时上报。

任务实施

一、干燥岗位操作

1. 生产前检查与准备

干燥岗位生产前检查与准备操作要点见表5-37。

表5-37　干燥岗位生产前检查与准备操作要点

序号	步骤	操作要点	示意图
1	接收批生产指令	① 接收批生产指令、空白片干燥记录(空白)、中间产品交接单等文件 ② 仔细阅读批生产指令,明了产品名称、规格、各物料用量、注意事项等指令 ③ 对照批生产指令检查和核对与房间标识卡上的产品名称、规格、批号等要求是否一致 ④ 在批生产指令上签上名字、日期及时间	批生产指令
2	复核清场	① 检查生产场地是否有上一批生产遗留的物料等 ② 检查干燥间门窗、墙壁、地面等是否干净,有无浮尘,是否光洁、明亮 ③ 检查干燥间清场合格证和状态标识 ④ 检查流化床机身、物料容器等是否已清洁,是否悬挂有绿色"已清洁"和"完好"、黄色"待运行"标识 ⑤ 检查是否遗留上一批次批生产记录等文件	生产前房间状态标识 生产前设备状态标识

续表

序号	步骤	操作要点	示意图
3	温湿度与压差检查	检查干燥间温湿度、压差是否符合要求：温度 18~26 ℃，相对湿度 45%~65%，干燥间保持相对负压	 温湿度检查
4	物料领取	操作人员按物料领取程序领回湿颗粒，并做好登记	干燥物料领取
5	QA 人员检查复核	① 按照批生产记录中生产前检查操作要点复核，任何一条不符合要求则不能进入下一程序 ② QA 人员现场复核无误后签字准产	QA 人员生产前检查复核
6	记录填写	① 按照批生产记录填写要求，填写干燥岗位生产前检查与准备记录 ② 粘贴清场合格证（副本）于记录中	粘贴清场合格证（副本）

2. 生产过程

干燥操作要点见表5-38。

表5-38 干燥操作要点

序号	步骤	操作要点	示意图
1	开机前检查	① 检查插销、螺丝、阀门、气管、温度测定探头是否安装牢固 ② 拉出原料容器(移动床)、扩散干燥室,仔细检查捕集袋有无破裂和小孔,如有破损应立即更换或修复	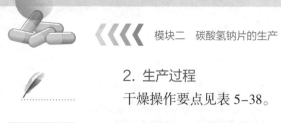 检查附件 检查捕集袋
2	开机	① 确认电气供应正常,打开供气阀 ② 点击"操作"按钮,输入用户名及开机密码,进入操作界面 ③ 设定温控仪上的温度控制范围,设定风机频率 ④ 点击"容器升"控制按钮,使主机密闭,使原料容器与扩散干燥室连为一体(注意检查主机密封后法兰间有无泄漏现象)。启动风机,待运转10~15 s后,点击操作界面中的"程序"按钮,空载运行1~3 min,停机	配电电源 控制台面

续表

序号	步骤	操作要点	示意图
2	开机		开机界面
3	装料	① 向左旋出原料容器,将湿颗粒装入原料容器内,加料时注意动作要轻,尽量避免物料损耗 ② 再向右旋入原料容器,与扩散干燥室上下对位准确	装料
4	干燥	① 容器对位闭合,点击"容器升"控制按钮,使机器密闭 ② 点击"风机启"启动风机,待正常运转 10~15 s 后,点击操作界面中的"程序"按钮,使物料沸腾混合(沸腾高度以喷枪安装位置为准)。点击"加热"开始加热,升温干燥 ③ 在干燥过程中,应通过视窗经常观察物料沸腾流化状态和干燥状况(在取样筒取样观察)。根据情况,随时调整风量、风压、温度等有关参数,使其达到最佳流化干燥效果 ④ 当物料在流化床出现结团、沟流及塌床时,可点击"鼓造",通过对风门的反复开关控制风流进而冲击物料以获得好的流化状态 ⑤ 干燥过程中可点击"抖袋",开启抖袋功能,避免过多的物料吸附在捕集袋上。用橡胶锤适当敲击流化床外壁也可抖落吸附在干燥室内壁的物料	点击"容器升" 点击"风机启" 点击"程序"—"加热"—"鼓造"

续表

序号	步骤	操作要点	示意图
4	干燥		 橡胶锤敲击
5	出料	① 干燥结束后，物料温度较高，为便于出料和减少成品的吸潮性，应先点击"加热"关闭加热，引风沸腾一段时间，待物料温度降至室温后，方可关机出料 ② 点击"风机停"，点击"双抖袋"按钮，使捕集袋上物料下落回容器，点击"容器降"按钮，待干燥室与物料容器下降后，向左旋转容器，取下固定螺丝与插销，将容器倾斜45°~90°到需要位置倒出物料并收集	关闭程序 出料
6	记录填写	按照批生产记录要求填写干燥记录	干燥记录

续表

序号	步骤	操作要点	示意图
7	物料交接	① 将干燥物料移交中间站 ② 工序操作人填写物料交接单，一式两份(一份粘贴于批生产记录中,一份保存于中间站管理员处)	 物料移交
8	清场	① 设备换上"待清洁"状态标识，房间换上"待清场"状态标识 ② 按照《干燥设备清洁标准操作规程》清洁设备,按照《干燥岗位清场标准操作规程》清场 ③ 认真填写相应记录。粘贴清场合格证(正本)于记录中 ④ 经 QA 人员检查合格后,悬挂清场合格标识	**清场合格证(正本)** 岗　　位：＿＿＿＿＿＿ 原产品名称：＿＿＿＿＿＿ 批　　号：＿＿＿＿＿＿ 调换产品名称：＿＿＿＿＿＿ 批　　号：＿＿＿＿＿＿ 清 场 人：＿＿＿＿＿＿ 质 监 员：＿＿＿＿＿＿ 清场日期：＿＿＿年＿＿月＿＿日＿＿时 有效期至：＿＿＿年＿＿月＿＿日＿＿时 清场合格证(正本)

二、多功能流化床干燥标准操作

多功能流化床干燥设备标准操作见表 5–39。

表 5–39　多功能流化床干燥设备标准操作

序号	步骤	操作要点	示意图
1	操作前准备	① 检查机器各部分是否正常(详见表 5–38 中"开机前检查"操作要点) ② 安装捕集袋,放下捕集袋支架,将捕集袋依次按序系于捕集袋支架上拴牢,将捕集袋底盘翻转于捕集室法兰圈上,拴紧,装好后,将干燥室旋入捕集室下,再旋入原料容器,上下法兰对位准确	 检查机器

序号	步骤	操作要点	示意图
1	操作前准备		检查安装捕集袋
2	生产操作	① 打开空气压缩机及配电柜内的电源开关 ② 旋转复位"急停"按钮,打开控制柜面板上的总电源开关,显示开机画面,点击"操作"按钮,输入用户名及开机密码,进入操作界面 ③ 设定温控仪上的温度控制范围(一般加热温度在 80 ℃左右,进风温度在 65 ℃左右,物料温度在 50 ℃左右),设定风机频率(一般为 15~20 Hz) ④ 待温度达设定值后,加入待干燥物料,点击"容器升"控制按钮,使主机密闭,启动风机,并点击"程序"和"加热"按钮进行干燥操作(详见表 5-38 中"干燥"工序操作要点) ⑤ 干燥结束后,关闭"加热"按钮,依次关闭风机,进行抖袋,点击"容器降"按钮(详见表 5-38 中"出料"工序操作要点)	打开配电电源开关 旋转复位"急停"按钮 打开总电源开关

续表

序号	步骤	操作要点	示意图
2	生产操作		 输入用户名及开机密码 设定参数 加料 干燥

续表

序号	步骤	操作要点	示意图
3	关机	① 干燥结束后关机,点击"返回"进入开机界面,点击"退出",进入关机界面,点击"关机",设备系统关机。也可以再次点击一次电源键,待屏幕进入关机界面,点击"关机",设备系统关机 ② 关闭空气压缩机,关闭电源,关闭有关阀门	关机
4	清洁	按照《干燥设备清洁标准操作规程》清洁设备,清洁完毕,挂上"已清洁"状态标识	挂"已清洁"状态标识

三、多功能流化床的清洁

每班生产结束、超过清洁有效期进行小清洁;换品种、停产 3 天、连续生产同一产品超过 7 天、设备大修、突发事件、设备被污染、闲置设备重新启用时进行大清洁,大清洁需要拆卸捕集袋、流化床分布板等直接接触药品的部件,采用手工冲洗法进行清洗,具体清洁过程见表 5-40。

表 5-40　多功能流化床干燥设备清洁操作

序号	步骤	操作要点	示意图
1	除尘	用毛刷除去物料容器、干燥室、捕集室中残留的粉末	除尘

续表

序号	步骤	操作要点	示意图
2	饮用水清洗	① 取下捕集袋,送至清洗间清洗 ② 先将设备内、外表面初洗干净,再用洁净深色抹布擦拭设备外表面,用洁净浅色抹布擦拭物料容器、干燥室、捕集室内部至洁净	用浅色抹布清洗
3	纯化水清洗	先将设备内、外表面精洗干净,再用洁净深色抹布擦拭设备外表面,用洁净浅色抹布擦拭物料容器、干燥室、捕集室内部至洁净	用深色抹布清洗
4	消毒	用 75% 乙醇喷洒并擦拭 3 遍,自然风干	用 75% 乙醇消毒
5	目检	已清洁设备表面目测无可见残留物、各部位无水迹;若不符合要求,须按上述程序重新清洗	目测检查

续表

序号	步骤	操作要点	示意图
6	悬挂标识	将清洗后的设备表面用洁净抹布擦干,待 QA 人员检查合格后悬挂"已清洁"标识	悬挂标识

四、岗位清场操作

每批生产结束时,清场有效期超限时,生产过程中发生异常情况可能会造成产品污染时应进行清场。清场过程中应遵循先物后地、先内后外、先上后下、先拆后洗、先零后整的擦拭原则。清洁器具常选用洁净抹布和清洁桶,清洁剂选用 1% 氢氧化钠溶液、纯化水,消毒剂选用 75% 乙醇溶液和 0.2% 苯扎溴铵溶液(交替使用)。具体清场过程见表 5-41。

表 5-41 干燥岗位清场操作要点

序号	步骤	操作要点	示意图
1	更换房间状态标识	干燥结束,更换房间状态标识为黄色"待清场"	更换"待清场"标识
2	清场与复核检查	① 将本批的废弃物放在指定的容器内,统一处理。每天工作结束后进行日常清洁,用洁净抹布擦拭门窗、墙壁、工作台面、不锈钢凳、地面 ② 按《干燥设备清洁标准操作规程》清洁流化床 ③ 取洁净抹布浸消毒剂擦拭送、回风口。清洁操作室、钟表、温湿度计、压差计、通信设施等	填写生产记录

续表

序号	步骤	操作要点	示意图
2	清场与复核检查	④ 将清洁器具移至清洁间,清洁干净 ⑤ 由 QA 人员确认是否清场合格,合格后由 QA 人员在清场记录上签字并发放清场合格证,正本附入批生产记录中,副本挂在操作现场。若不合格,按程序重新清洁,直至检查合格	
3	更换房间状态标识	清场复核结束,更换房间状态标识为绿色"已清场"	更换"已清场"标识

五、岗位记录填写

1. 填写要求

干燥岗位批生产记录由岗位操作人员填写,再由岗位负责人及有关规定人员复核签字。不允许事前先填或事后补填,填写内容应真实。填写批生产记录应注意字迹工整、清晰,不允许用铅笔填写,且要求用笔颜色保持一致。批生产记录不能随意更改或销毁,若确实因填错需更改,务必在更改处画一横线后,将正确内容填写在旁边,并签字标明日期。

考核时为确保考评公平公正,原则上不允许岗位操作人员填写真实姓名,应填写准考证号或考试代号等。

2. 生产记录样例

(1) 干燥岗位生产前检查与准备记录样例　见表 5-42。

表5-42 干燥岗位生产前检查与准备记录样例

产品名称		规格		产品批号	
操作间名称/编号			生产批量		
主要生产设备	[ ]DPL-Ⅱ型多功能干燥制粒机				
生产时间	[ ]年[ ]月[ ]日[ ]时[ ]分—[ ]日[ ]时[ ]分				
生产前检查与准备					
检查内容				检查记录	
1. 复核清场：确认在清场有效期内,将清场合格证(副本)粘贴在"清场合格证副本(粘贴处)"。确认无上次生产遗留物,没有与本批次生产无关的物料和文件				[ ]是 [ ]否	
2. 确认温度和相对湿度在合格范围内(温度18~26℃,相对湿度45%~65%)。操作间压差符合要求				[ ]是 [ ]否	
3. 确认电气供应正常,已开启。开启并检查整个系统的排风、除尘装置				[ ]是 [ ]否	
4. 确认设备捕集袋完好,并正确安装固定好过滤袋				[ ]是 [ ]否	
5. 确认设备空机运行正常				[ ]是 [ ]否	
检查人			复核人		

清场合格证副本(粘贴处)

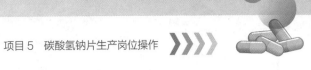

(2) 干燥记录样例 见表5-43。

表5-43 干燥记录样例

产品名称		规格		产品批号	
操作间名称/编号		生产批量			
生产时间	[ ]年[ ]月[ ]日[ ]时[ ]分— [ ]日[ ]时[ ]分				
干燥					
交接物料	物料桶号/袋号				

操作要点：

将湿颗粒装入流化床干燥设备,设定加热温度、进风温度、物料干燥温度,通风干燥,随时观察颗粒流化状态,干燥20~30 min后放出(时间根据情况自行调整),保证颗粒彻底干燥(由于考核时间限制,药物制剂生产职业技能等级证书考核时不进行水分检查),将颗粒放出

操作记录			
设定加热温度[ ]℃、进风温度[ ]℃、物料干燥温度[ ]℃			

桶号/袋号	物料干燥温度/℃	干燥时间	
		[ ]时[ ]分— [ ]时[ ]分	
操作人		复核人	
物料情况	总 重	原辅料净重	

备注：

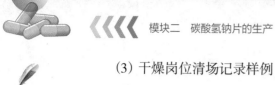

（3）干燥岗位清场记录样例　见表5-44。

表5-44　干燥岗位清场记录样例

产品名称		规格		产品批号	
操作间名称/编号				生产批量	
清场类型		[　]大清场　　[　]小清场			
清场要求		1. 实际生产中同品种当天生产结束、换批时进行小清场，大清场后超过有效期进行小清场；考核中非本批考核最终结束，即考核过程均进行小清场 2. 实际生产中同品种连续生产超过7天、换品种、停产3天以上执行大清场；本批干燥岗位考核结束前，进行大清场 3. 大清场需在小清场基础上进一步拆卸流化床相关部件，清洁消毒，并做好场地清洁消毒			
清场					
清场操作内容				清场记录	
1. 将干燥的颗粒移交中间站操作人转运至颗粒中间站或整粒操作岗位				[　]是　[　]否	
2. 将与后续产品无关的文件、记录移出				[　]是　[　]否	
3. 清除生产过程中产生的废弃物				[　]是　[　]否	
4. 设备、管道、工具、容器等		小清场：先将设备、设施台面上的异物清理干净，再按照相关设备清洁标准操作规程进行清洁，工具、容器等清洁，定置		[　]是　[　]否	
		大清场：除小清场要求外，需对设备相应部件进行拆卸清洗与消毒		[　]是　[　]否	
5. 生产环境		小清场：门窗和工作台、凳和地面清洁至无可见残留物		[　]是　[　]否	
		大清场：除小清场要求外，需对回风口、天棚、墙面、地漏进行彻底清洁，清洁顺序从上到下		[　]是　[　]否	
6. 生产设备和房间状态标识准确、清楚				[　]是　[　]否	
7. 清场结束后检查清场是否合格，检查合格签发清场合格证				[　]是　[　]否	
清场结束时间		[　]年[　]月[　]日[　]时[　]分			
清场人			复核人		

清场合格证正本(粘贴处)

六、常见问题与处理方法

多功能流化床常见故障及排除方法见表 5-45。

表 5-45　多功能流化床常见故障及排除方法

故障现象	产生原因	排除方法
沸腾状况不佳	1. 捕集袋长时间没有抖动，布袋上吸附的粉末太多 2. 沸腾高度太高，状态激烈，床层负压高，粉末吸附在捕集袋上 3. 各风道发生阻塞，风路不畅通	1. 检查捕集袋抖动系统 2. 调小风机频率 3. 检查并疏通风道
排至空气中的细粉多	1. 捕集袋破裂 2. 床层负压高将细粉抽出	1. 检查捕集袋，如有破口、小孔，必须补好，方能使用 2. 调小风机频率
干燥颗粒时出现沟流或死角	1. 颗粒含水分太多 2. 湿颗粒进入原料容器里放置过久	1. 减少颗粒水分；先不装足量，等其稍干后再将湿颗粒加入 2. 湿颗粒不要久放在原料容器中；鼓造将颗粒抖散
干燥颗粒时出现结块现象	部分湿颗粒在原料容器中压死	鼓造将颗粒抖散
温度达不到要求	换热器未正常工作	检查换热器并处理

 任务考核

一、考核要求

1. 在线测试（5 min）

请扫描二维码完成在线测试。

2. 实践考核（90 min）

（1）内容要求　依据 GMP、《中国药典》（2020 年版），药物制剂生产职业技能等级证书考核大纲、配套教材和数字化资源组织现场考试。

（2）场景设置　模拟 GMP 场地或实训室，至少应设有干燥间、中间站，配备房间与设备标识状态牌、不锈钢勺与桶、塑料袋与扎带、可粘贴标签、清洁器具等。

（3）其他要求　考核时应提前穿戴洁净服，考核过程中应按照操作要点规范操作，及时如实填写批生产记录等。

在线测试：干燥

二、评分标准

干燥岗位评分标准见表 5-46。

表 5-46 干燥岗位评分标准

序号	考试内容	分值/分	评分要点	考生得分	备注
1	更衣入场	5	① 正确穿洁净服(3分) ② 正确戴手套、口罩、帽子(2分)		
2	复核清场	10	① 检查场地、设备状态,及时更换生产状态标识(4分) ② 正确填写温度表、湿度表、压力表、记录表(6分)		
3	开机前检查	15	① 正确检查插销、螺丝、阀门、气管、温度测定探头(5分) ② 拉出原料容器、扩散干燥室检查(5分) ③ 检查捕集袋(5分)		
4	物料交接	10	① 正确领取物料(5分) ② 正确转运物料至中间站(5分)		
5	开机运行	45	① 正确更换设备状态标识(10分) ② 正确打开设备安全电源及空气压缩机电源、通气阀门(5分) ③ 正确开机,设定干燥参数(10分) ④ 正确加入干燥物料(4分) ⑤ 启动设备干燥物料程序正确:容器升—风机启(稳定)—程序—加热(6分) ⑥ 正确观察判断物料干燥状况,根据情况调节参数,取样正确(10分)		
6	出料停机	5	① 停机程序正确(2分) ② 物料冷却后停机出料(3分)		
7	清洁清场	10	① 更换生产状态标识(4分) ② 正确选择清洁器具,清洁清场程序正确(6分)		
岗位总分					

PPT:
整粒

授课视频:
整粒

任务 5.6 整 粒

知识准备

▶▶▶ 岗位职责

整粒岗位操作人员应严格按照整粒岗位职责要求,在固体制剂车间片剂组班组长

140

领导下,履行工作职能。

1. 生产准备

进岗前按规定着装,进岗后按工艺要求安装筛分设备;根据生产指令,按规定程序从中间站领取物料。

2. 生产操作

严格按照整粒工艺规程和 SOP 进行整粒。整粒过程中依据粒度要求和数量选择不同的筛网目数与筛分设备。按照物料在设备中的运动方式不同,可将常用的筛分设备分为:旋转筛、旋振筛和摇动筛等。药物制剂生产职业技能等级证书考核建议使用旋振筛,如图5-12 所示。本书以 ZS-515 型旋振筛为例讲述整粒生产操作过程。

整粒操作人员应注意检查筛网是否破损及堵塞,若有则须返工。及时规范填写生产记录。按规定进行物料平衡计算(计算方法详见"任务 3.2　物料与产品使用过程管理"),偏差必须符合规定限度,否则按偏差处理程序处理。

图 5-12　旋振筛

整粒操作人员在生产过程中发现颗粒质量问题,必须及时报告工序负责人、工艺员。

3. 生产结束

按要求移交粒度合格的颗粒至下一岗位;余料和不合格颗粒按规定退至中间站。

工作结束或更换品种时,严格按本岗位清场 SOP 清场,经 QA 人员检查合格后,悬挂清场合格标识。

知识拓展:
筛分技术

4. 其他要求

工作期间严禁脱岗、串岗,不做与岗位工作无关之事;经常检查设备运转情况,注意设备保养,操作时发现故障应及时上报。

 任务实施

一、整粒岗位操作

1. 生产前检查与准备

整粒岗位生产前检查与准备操作要点见表 5-47。

表5-47 整粒岗位生产前检查与准备操作要点

序号	步骤	操作要点	示意图
1	接收批生产指令	① 接收批生产指令、整粒批生产记录(空白)、中间产品交接单(干颗粒物料)、中间产品标签(空白)等文件 ② 仔细阅读批生产指令,明了产品名称、规格、批量、筛网目数、生产任务、注意事项等指令 ③ 对照批生产指令检查和核对与房间标识卡上的产品名称、规格、批号等要求是否一致	 生产相关文件
2	复核清场	① 检查生产场地是否有上一批生产遗留的颗粒、粉末等 ② 检查整粒间门窗、墙壁、地面等是否干净,有无浮尘,是否光洁、明亮 ③ 检查整粒间清场合格证和状态标识 ④ 检查旋振筛机身等是否已清洁,是否悬挂有绿色"已清洁"和"完好"、黄色"待运行"标识 ⑤ 检查是否遗留上一批次批生产记录等文件	 清场合格证 生产前设备标识

续表

序号	步骤	操作要点	示意图
3	温湿度与压差检查	检查整粒间温湿度、压差是否符合要求：温度 18~26 ℃，相对湿度 45%~65%，整粒间保持相对负压	**温湿度记录**（见下表） 温湿度记录

温湿度记录

日期	上午(9:00~11:00) 下午(13:00~16:00)	记录时间	温度/℃	相对湿度/%	记录人	判断
	上午					□合格 □不合格
	下午					□合格 □不合格
	上午					□合格 □不合格
	下午					□合格 □不合格
	上午					□合格 □不合格
	下午					□合格 □不合格
	上午					□合格 □不合格
	下午					□合格 □不合格

序号	步骤	操作要点	示意图
4	中间产品与周转桶领取	① 工序操作人填写中间产品交接单，一式两份（一份粘贴于批生产记录中，一份保存于中间站管理员处），依照批生产指令，至中间站领取干颗粒物料 ② 领取中间产品干颗粒物料时，工序操作人须重点核对中间产品名称、重量、批号、加工状态等信息是否与生产指令一致，中间产品袋包装或料桶上是否有"放行"标识，并称重核对中间产品重量等，同时班组长、中间站管理员须复核检查，核对无误后三方签字；工序操作人登记中间产品进出站台账后，方能将中间产品领回整粒间，继续加工 ③ 根据批产量总数，在中间站领取周转容器（即周转桶）及盛料袋，做好登记；检查周转桶是否清洗干净，有无粉尘及任何遗留物，盖、桶是否配套；检查盛料袋是否为新袋，是否干净，有无破损。 ④ 将干颗粒物料、周转桶、盛料袋置小推车上，推至整粒间指定位置	物料领取 周转桶
5	QA 人员检查复核	① 按照批生产记录中生产前检查操作要点复核，填写整粒岗位生产前检查与准备记录。任何一条不符合要求则不能进入下一程序 ② 粘贴清场合格证（副本）于记录中 ③ QA 人员现场复核无误签字准产	生产前检查与准备记录

143

视频：
干颗粒整粒
标准操作
规程

2. 生产过程

整粒操作要点见表 5-48。

表 5-48　整粒操作要点

序号	步骤	操作要点	示意图
1	旋振筛开机前检查	① 按顺序安装合适目数的筛网，安装过程详见本任务"三、旋振筛的标准操作（含安装）" ② 检查紧固螺钉是否安装到位，确认各部位润滑良好，确认水电气供应正常，已开启 ③ 更换状态标识，挂上"运行"状态标识 ④ 使用 75% 乙醇喷洒或浸湿洁净抹布（不脱落纤维和颗粒）擦拭（3 次）筛网、设备内外表面、所用容器等进行消毒 ⑤ 在出料口捆扎盛料袋，防止操作过程中药粉飞扬或溢出，下方位置放置周转桶，贴好产品标签，标签上填写产品名称、规格、批号、加工状态等内容 ⑥ 接通电源，空机运行 1~3 min，设备无障碍、无摩擦异响现象后，停机	开机前检查紧固螺钉
2	正式运行	① 开机，待设备运行平稳后，将干颗粒物料以合适的速度均匀地加入筛网中，加料时注意动作要轻，尽量避免产生粉尘 ② 随时观察出料情况，如发现有异物或异响出现应立即停机 ③ 应控制加入颗粒的流量，保持筛网上物料数量合适，并且观察设备螺栓、螺母是否松动	运行状态
3	结束生产	① 干颗粒加料完毕，待不再出料后停机，再断开主电源 ② 按照顺序清理、收集残留在筛网上的粗颗粒和细粉。分别填写粒度合格颗粒中间产品标签、不合格颗粒标签等，粘贴于盛料袋或周转桶外表面。进行称量，及时填写整粒记录 ③ 旋振筛与整粒间分别换上"待清洁""待清场"状态标识 ④ 将中间产品运送至下一岗位或中间站，待回收物料送回中间站 ⑤ 收集设备表面细粉、地脚粉、生产中的废弃物集中在废弃物塑料袋内，扎好口袋，交清洁员处理	整粒记录

整粒记录表：

产品名称	碳酸氢钠片	规格	g/片	产品批号	
				生产批量	片
操作要点：用一号筛和五号筛对物料进行筛分整粒					
操作记录					
整粒结束时间	[　]年[　]月[　]日[　]时[　]分				
不锈钢筛网孔径					
袋号					
毛重/g					
皮重/g					
净重/g					
操作人			复核人		

续表

序号	步骤	操作要点	示意图
4	清场	① 按本任务"四、旋振筛的清洁"规定程序进行设备清洁消毒。清洁完毕,请 QA 人员复核检查,合格后挂"已清洁""完好""待运行"标识 ② 按本任务"五、岗位清场操作"规定程序进行整粒间清场。清场完毕请 QA 人员复核签字,合格后挂"已清场"标识。整粒间换上经 QA 人员签字的清洁合格证(副本),将清洁合格证(正本)粘贴于整粒清场记录中	整粒清场记录

二、旋振筛筛网的领取与归还

旋振筛筛网的领取与归还见表 5-49。

表 5-49　旋振筛筛网的领取与归还

序号	步骤	操作要点	示意图
1	筛网领取	工序操作人按批生产指令到筛网存放处领取筛网。工序操作人、班组长一同核对筛网目数与批生产指令是否一致,检查有无破损,核对无误后双方填写使用台账	筛网
2	工具领取	工序操作人到工具室领取筛网安装工具。仔细检查工具是否已清洁干净,有无粉渍,是否干燥,无误后填写工具使用台账,并将上述工具装进小推车	工具使用台账

三、旋振筛的标准操作(含安装)

旋振筛的标准操作见表 5-50。

表5-50　旋振筛的标准操作

序号	步骤	操作要点	示意图
1	开机前准备	① 检查设备、操作间等是否具有"已清洁"和"已清场"状态标识，并核对是否在有效期内 ② 检查筛箱内部是否有异物，机座是否平整，各紧固件是否松动，电气元件是否受潮等。 ③ 将筛网用螺母固定在钢套圈上锁紧，在托球盘上的挡球环中放入橡胶球。将托球盘与筛网用橡胶圈连接在一起，并将其固定于旋振筛筛框。多层筛网则自下而上逐个安装，最后将筛盖压紧。更换或安装筛网时需先将橡胶圈取下，使其与托球盘分离。松开钢套圈周围螺母，取下旧筛网，将新的筛网平铺在筛网架上再放钢套圈，按照筛网的经纬（垂直）方向用螺钉对称稍作固定，在保证筛网无皱褶、松紧均匀、筛孔呈正方形后分别将螺钉穿入螺孔中，慢慢逐个均匀拧紧，裁去多余筛网。 ④ 调整重锤角度，设置最佳生产效率的振幅及频率。在出料口捆扎盛料袋，防止操作过程中药粉飞扬或溢出，下方放置盛料桶。	筛网安装
2	开机操作	接通电源，将物料缓慢均匀地加入筛网中，加料时注意动作要轻，尽量避免产生粉尘。控制加入的物料流量，保持筛网上物料数量适中。随时观察出料情况，如发现有异物出现应立即停机。随时观察设备外露螺栓和螺母是否松动，如发现有异响应立即停机	外露螺栓和螺母
3	结束生产	① 物料加料完毕，待不再出料后先按"停止"键，再断开主电源 ② 按照从上至下的顺序清理残留在筛中的物料。依据设备清洁规程做好清洁卫生	清洁完成

四、旋振筛的清洁

旋振筛的清洁操作见表 5–51。

表 5–51　旋振筛的清洁操作

步骤	操作要点	示意图
设备清洁	① 将可拆卸部件(筛网、橡胶球、托球盘等)移至清洁间冲洗。先用饮用水冲洗至目测无可见残留物,再用纯化水冲洗 3 遍,最后用 75% 乙醇擦拭 3 遍 ② 对不可拆卸部位(机身)用自来水擦拭至设备内外表面目测无可见残留物,再用纯化水擦拭 3 遍,最后用 75% 乙醇擦拭 3 遍	筛网清洁

五、岗位清场操作

整粒岗位清场操作见表 5–52。

表 5–52　整粒岗位清场操作

序号	步骤	操作要点	示意图
1	清场规则	① 同品种当天生产结束、换批时进行小清场;大清场后超过有效期进行小清场 ② 同品种连续生产超过 7 天、换品种、停产 3 天以上执行大清场	清洁状态卡 **待清洁** "待清洁"标识
2	小清场	① 每次岗位操作或考核结束,将制备好的中间产品、待回收品等移交下一岗位或中间站 ② 清除生产过程中产生的废弃物;清洁台面上的异物、粉末。使用毛刷刷净散落、黏附于加料口、出料口等部位的物料,装入洁净塑料袋内,计量、记录后,存入废弃物暂存容器内。原则上无须更换、拆卸筛网进行清洗与消毒	机体表面清洁

序号	步骤	操作要点	示意图
2	小清场	③ 机体表面与筛网面：先用洁净抹布浸清洁剂擦去各部位表面的残留物（粉尘、污迹等），粉尘堆积处用毛刷蘸清洁剂刷洗清除残留粉垢，再用洁净抹布浸纯化水将表面清洗干净，最后用洁净抹布浸消毒剂擦拭消毒3遍 ④ 领取清洁器具清洁操作台面，清扫操作区域地面，使无积尘、杂物 ⑤ 移出与后续产品无关的文件、记录	
3	大清场	除小清场要求外，需对回风口、天棚、墙面、地漏进行彻底清洁和消毒，清洁顺序从上到下	

六、岗位记录填写

1. 填写要求

整粒岗位批生产记录由岗位操作人员填写，再由岗位负责人及有关规定人员复核签字。不允许事前先填或事后补填，填写内容应真实。填写批生产记录应注意字迹工整、清晰，不允许用铅笔填写，且要求用笔颜色保持一致。批生产记录不能随意更改或销毁，若确实因填错需更改，务必在更改处画一横线后，将正确内容填写在旁边，并签字标明日期。

考核时为确保考评公平公正，原则上不允许岗位操作人员填写真实姓名，应填写准考证号或考试代号等。

2. 生产记录样例

(1) 整粒岗位生产前检查与准备记录样例　见表 5-53。

表 5-53　整粒岗位生产前检查与准备记录样例

产品名称	碳酸氢钠片	规格	g/片	产品批号	
操作间名称/编号	整粒间			生产批量	片
设备名称/型号	[　]ZS-515 旋振筛				
生产前检查与准备					
整粒前检查内容要点				检查记录	
1. 核对岗位的清场情况和状态标识，确认在清场有效期内，将清场合格证（副本）粘贴在"清场合格证副本（粘贴处）"。确认无上次生产遗留物，没有与本批次生产无关的物料和文件				[　]是　[　]否	

续表

整粒前检查内容要点	检查记录
2. 检查房间状态标识是否符合要求	[　]是　[　]否
3. 确认房间温湿度、压差符合要求（温度 18~26 ℃，相对湿度 45%~65%）	[　]是　[　]否
4. 确认所有计量器具、仪器仪表在检定有效期内，水电气供应正常、已开启	[　]是　[　]否
5. 核对领取的筛网目数，是否有破损等	[　]是　[　]否
6. 检查设备是否完好，有无相应标识	[　]是　[　]否
检查人	复核人

清场合格证副本（粘贴处）

（2）整粒记录样例　见表 5-54。

表 5-54　整粒记录样例

产品名称	碳酸氢钠片	规格	g/片	产品批号	
操作间名称/编号				生产批量	片

操作要点：用一号筛和五号筛对物料进行筛分整粒

操作记录		
整粒结束时间	[　]年[　]月[　]日[　]时[　]分	
不锈钢筛网孔径		
袋号		
毛重/g		
皮重/g		
净重/g		
操作人		复核人

(3) 整粒岗位清场记录样例　见表5–55。

表5–55　整粒岗位清场记录样例

产品名称	碳酸氢钠片	规格	g/片	产品批号	
操作间名称/编号	整粒间			生产批量	片
清场类型	[　]大清场　　[　]小清场				
清场要求	1. 同品种当天生产结束、换批时进行小清场;大清场后超过有效期进行小清场 2. 同品种连续生产超过7天、换品种、停产3天以上执行大清场 3. 小清场执行小清场操作,大清场执行大清场操作 4. 执行操作在"是"前[　]内打√,未执行操作在"否"前[　]内打√				

清场		
清场操作内容		清场记录
1. 将整粒物料移交至下一岗位,余料和不合格颗粒按规定退至中间站		[　]是　[　]否
2. 将与后续产品无关的文件、记录移出		[　]是　[　]否
3. 清除生产过程中产生的废弃物		[　]是　[　]否
4. 设备、管道、工具、容器等	小清场:先将设备、设施台面上的异物清理干净,再按照相关设备清洁标准操作规程进行清洁,工具、容器等清洁,定置	[　]是　[　]否
	大清场:除小清场要求外,需对设备管道进行彻底清洁、消毒,定置	[　]是　[　]否
5. 生产环境	小清场:门窗和工作台、凳和地面清洁至无可见残留物	[　]是　[　]否
	大清场:除小清场要求外,需对回风口、天棚、墙面、地漏进行彻底清洁、消毒,清洁顺序从上到下	[　]是　[　]否
6. 生产设备和房间状态标识准确、清楚		[　]是　[　]否
7. 清场结束后由班组长或QA人员检查清场是否合格,检查合格签发清场合格证		[　]是　[　]否
清场结束时间	[　　]年[　　　]月[　　]日[　　　]时[　　　]分	
清场人		复核人

清场合格证正本(粘贴处)

七、常见问题与处理方法

旋振筛整粒过程中常见问题与处理方法见表 5-56。

表 5-56　旋振筛整粒过程中常见问题与处理方法

问题	原因	处理方法
颗粒均匀度低	筛网未正确安装,有缝隙或筛网有破损	重新安装筛网或更换新筛网
筛分效果不好	1. 筛孔堵塞 2. 筛面的物料过多、过厚	1. 停机,清洁筛孔或更换筛网 2. 减慢给料速度,调整倾斜角
运行中发出异响	1. 轴承磨损 2. 筛网未绷紧 3. 轴承固定螺钉松动 4. 弹簧损坏	1. 停机,更换轴承 2. 停机,重新安装筛网 3. 停机,紧固螺钉 4. 停机,更换弹簧
运行时旋振筛传动慢	传动皮带松动	停机,绷紧皮带

 任务实施

一、考核要求

1. 在线测试(5 min)

请扫描二维码完成在线测试。

在线测试:
整粒

2. 实践考核(100 min)

以角色扮演法进行分组考核,要求在规定时间内完成碳酸氢钠片整粒岗位操作,并填写批生产记录。

(1) 分组要求　小组人数不少于 3 人,1 人扮演中间站管理员,1 人扮演考评员,1 人扮演岗位操作人员。

(2) 场景设置　应至少设有整粒间、中间站,配备房间与设备状态标识牌、不锈钢勺与桶、塑料袋与扎带、可粘贴标签、清洁器具等。

(3) 其他要求　考核时应提前穿戴洁净服,考核过程中应按照操作要点规范操作,及时如实填写批生产记录等。

二、评分标准

整粒岗位评分标准见表 5-57。

表 5-57　整粒岗位评分标准

序号	考试内容	分值/分	评分要点	考生得分	备注
1	生产前检查	28	① 正确检查复核房间状态标识(4分) ② 正确检查房间温湿度及压差(4分) ③ 正确检查复核设备状态标识(4分) ④ 生产前将清场合格证(副本)取下粘贴于生产记录中(4分) ⑤ 生产前对设备进行检查(4分) ⑥ 正确更换设备状态标识(4分) ⑦ 正确进行中间产品与周转桶的领取(4分)		
2	试运行	16	① 正确使用75%乙醇消毒设备(4分) ② 正确捆扎盛料袋,放置周转桶(4分) ③ 正确进行试运行(8分)		
3	正式运行	32	① 加料时,加料量合适,无大动作幅度,不造成粉尘飞扬(8分) ② 正确开机完成筛分生产过程(8分) ③ 正确收集合格颗粒并填写中间产品标签(8分) ④ 正确处理不合格颗粒、废料等(8分)		
4	清场	16	① 生产结束后,更换设备与房间状态标识(4分) ② 正确进行设备清洁操作(4分) ③ 正确进行房间清场操作(4分) ④ 在规定时间内完成岗位操作(4分)		
5	生产记录	8	① 及时规范填写各项生产记录(4分) ② 正确粘贴清场合格证(4分)		
			岗位总分		

PPT:
总混

授课视频:
总混

任务 5.7　总　　混

 知识准备

▶▶▶ 岗位职责

　　总混岗位操作人员应严格按照总混岗位职责要求,在固体制剂车间片剂组班组长领导下,履行工作职能。

1. 生产准备

进岗前按规定着装;进岗后根据生产指令,按规定程序从整粒岗位领取物料。

2. 生产操作

严格按照总混SOP进行混合操作。混合过程因混合设备类型和型号不同而操作方法不同。混合设备可分为固定型混合设备和旋转型混合设备。常见的固定型混合设备有槽形混合机、双螺旋锥形混合机、圆盘形混合机等,旋转型混合设备有V形混合机、双锥形混合机、二维运动混合机、三维运动混合机等。药物制剂生产职业技能等级证书考核建议使用旋转型混合设备(图5-13,图5-14)。本书以HSD-25单臂混合机为例讲述总混操作过程。

图5-13　V形混合机　　　　图5-14　二维运动混合机

知识拓展:
常见混合设备工作原理

总混岗位操作人员要按规定进行物料平衡计算(计算方法详见"任务3.2　物料与产品使用过程管理"),偏差必须符合规定限度,否则按偏差处理程序处理。

总混岗位操作人员在混合过程中如有突发情况,必须及时报告工序负责人、工艺员。

3. 生产结束

按要求填写中间产品交接单,将总混物料移至中间站。

工作结束或更换品种时,严格按本岗位清场SOP清场,经QA人员检查合格后,悬挂清场合格标识。

4. 其他要求

工作期间严禁脱岗、串岗,不做与岗位工作无关之事;经常检查设备运转情况,注意设备保养,操作时发现故障应及时上报。

 任务实施

一、总混岗位操作

1. 生产前检查与准备

总混岗位生产前检查与准备操作要点见表5-58。

表 5-58　总混岗位生产前检查与准备操作要点

序号	步骤	操作要点	示意图
1	接收批生产指令	① 接收批生产指令、物料混合记录(空白)、中间产品交接单(总混物料)、中间产品标签(空白)等文件 ② 仔细阅读批生产指令,明了产品名称、颗粒及细粉所需量、崩解剂及润滑剂理论用量、生产任务、注意事项等指令	生产相关文件
2	复核清场	① 检查生产场地是否有上一批生产遗留的颗粒、药片、粉末等 ② 检查总混间门窗、墙壁、地面等是否干净,有无浮尘,是否光洁、明亮 ③ 检查总混间清场合格证和状态标识 ④ 检查混合机机身、混合筒等是否已清洁,是否悬挂有绿色"已清洁"和"完好"、黄色"待运行"标识 ⑤ 检查是否遗留上一批次批生产记录等文件	清场合格证(副本) 生产前房间与设备标识

示意图第1行（批生产指令）内容：

批生产指令

产品名称	碳酸氢钠片		规格	0.3 g/片
批　号	20210923	指令编号		××××
生产批量		16.7 万片		
工艺规程及编号		碳酸氢钠片工艺规程:编号:××××		
起草人	李四	起草日期		2021 年 9 月 17 日
审核人	张五	审核日期		2021 年 9 月 18 日
颁布部门		生产部		
批准人	王七	批准日期	2021 年 9 月 19 日	生效日期 2021 年 9 月 20 日
指令接收部门	固体制剂生产车间、质量部、物料供应部	接收人	何一	接收日期 2021 年 9 月 20 日
作业时间及期限		2021 年 9 月 23 日-2021 年 9 月 24 日		

所需物料清单

名称	物料代码	用量	生产厂家
碳酸氢钠	××××	50 kg	××× 药业有限公司
玉米淀粉	××××	5 kg	××× 药用辅料有限公司
硬脂酸镁	××××	0.15 kg	××× 药用辅料有限公司

备注：本指令一式三份,生产车间一份,质量部一份,物料供应部一份。

清场合格证（副本）示意图内容：

清场合格证(副本)

岗　　位：　混合　

原产品名称：　碳酸氢钠片　

批　　号：　20211102　

调换产品名称：　////　

批　　号：　////　

清场人：　张三　

质监员：　李四　

清场日期：　2021　年　11　月　2　日　18　时

有效期至：　2021　年　11　月　4　日　18　时

清洁状态标识示意图内容：

清洁状态标识

未清洁, 不可用( )：　已清洁, 可使用( )

工序/房间：＿＿＿＿＿＿＿＿＿＿＿

清洁日期：＿＿＿＿＿＿＿＿＿＿＿

清洁有效期至：＿＿＿＿＿＿＿＿＿

清洁人：＿＿＿＿＿＿＿＿＿＿＿

备　注：＿＿＿＿＿＿＿＿＿＿＿

续表

序号	步骤	操作要点	示意图
3	温湿度与压差检查	检查总混间温湿度、压差是否符合要求：温度 18~26 ℃，相对湿度 45%~65%，总混间保持相对负压	温湿度记录表 温湿度记录
4	中间产品与周转桶领取	① 工序操作人填写中间产品交接单，一式两份(一份粘贴于批生产记录中，一份保存于中间站管理员处)，依照批生产指令，至中间站领取相应重量的颗粒、细粉、崩解剂、润滑剂 ② 领取中间产品总混物料时，工序操作人须重点核对中间产品名称、重量、批号、加工状态等信息是否与批生产指令一致，中间产品包装袋或料桶上是否有"放行"标识，并称重核对中间产品重量等，同时班组长、中间站管理员须复核检查，核对无误后三方签字；工序操作人登记中间产品进出站台账后，方能将中间产品领回总混间，继续加工 ③ 根据批产量总数，在中间站领取周转桶及塑料袋，做好登记；检查周转桶是否清洗干净，有无粉尘及任何遗留物，盖、桶是否配套；检查塑料袋是否为新袋，是否干净，有无破损 ④ 将待混合物料、周转桶、塑料袋置小推车上，推至总混间指定位置	领取物料 周转桶
5	QA 人员检查复核	① 按照批生产记录中生产前检查操作要点复核，任何一条不符合要求则不能进入下一程序 ② QA 人员现场复核无误后签字准产	复核准产

续表

序号	步骤	操作要点	示意图
6	记录填写	① 按照批生产记录填写要求,填写混合岗位生产前检查与准备记录 ② 粘贴清场合格证(副本)于记录中	生产记录填写

2. 生产过程

总混操作要点见表5–59。

表5–59　总混操作要点

序号	步骤	操作要点	示意图
1	混合机开机前检查	① 挂上"运行"状态标识 ② 放下设备防护栏,混合过程中,不得跨越防护栏,严禁进入混合筒旋转半径区域 ③ 点动开机,混合筒旋转3~5转,设备无异响、无障碍、无摩擦现象后,方可正式生产	设备状态卡 运行 设备"运行"状态标识
2	加料	开启加料口,将按比例称取的整粒后物料、崩解剂、润滑剂加入混合筒内,加料时注意动作要轻,尽量避免产生粉尘	加料

续表

序号	步骤	操作要点	示意图
3	混合	① 点击"自动操作",再次核对产品代码、转数、时间等参数。核对无误后,点击"确定""运行",随即混合筒开始转动,操作界面将显示运行时间 ② 运行结束后,停机	 操作界面
4	收集物料	① 在出料口下方位置放置周转桶(内附塑料袋),塑料袋外表面贴标签,标签上填写产品名称、规格、批号、加工状态等 ② 开启出料口,将混合物料装袋	收集物料
5	记录填写	按照批生产记录要求填写混合记录	生产记录填写
6	生产结束	① 停机、关闭电源 ② 工序操作人称量总混物料,并进行分装,扎袋;填写中间产品标签(品名、规格、产品批号、操作人、操作时间、存放有效期等项目),粘贴于塑料袋或周转桶外表面 ③ 混合机与总混间换上黄色"待清洁"和"待清场"状态标识	中间产品

序号	步骤	操作要点	示意图
7	清场	① 移交总混物料至中间站。工序操作人填写中间产品交接单(递交),一式两份(一份粘贴于批生产记录中,一份保存于中间站管理员处);填写请验单 ② 中间站管理员核对中间产品名称、重量、批号、加工状态等,重点复核中间产品重量(称重复核)等,核对无误后签字;同时填写中间产品进出站台账	中间产品移交

二、HSD-25 单臂混合机的标准操作

HSD-25 单臂混合机标准操作见表 5-60。

表 5-60　HSD-25 单臂混合机标准操作

序号	步骤	操作要点	示意图
1	开机前准备	① 检查混合间、工具、容器、设备等是否有清场合格标识,并核对是否在有效期内 ② 检查机座是否平整,各紧固件有无松动,电气元件是否受潮,装卸料口盖是否密封、紧固 ③ 根据生产指令至中间站领取物料,并核对品名、批号、规格、数量、质量无误后,进行下一步操作 ④ 消毒:用以 75% 乙醇浸湿的洁净抹布(不脱落纤维和颗粒)擦拭(3 次)设备内、外表面(混合筒、加料口、出料口及所有直接接触物料的部位)进行消毒	开机前检查
2	开机操作	① 打开电源开关,电源指示灯亮,输入密码,选择系统语言,进入操作界面,点击"手动操作",选择"点动",试运行3~5 转。注意检查设备工作状态是否正常,有无卡滞、碰撞或异响现象。确认设备正常后,进入操作界面,选择产品代号 01 项的运行参数 ② 试运行后停机,加料口应朝上,出料口应朝下。松开加料口卡箍,取下平盖进行加料,加料量不得超过额定装量。加料完毕后,盖上平盖,上紧卡箍。生产中人员不得跨越设备防护栏,严禁进入混合筒旋转半径内区域,防止人员受到伤害	混合机运转

续表

序号	步骤	操作要点	示意图
2	开机操作	③ 再次核对产品代码、转数、时间等参数。核对无误后,点击"确定""运行",随即混合筒开始转动,操作界面将显示运行时间 ④ 混合筒到设定的时间会自动停止转动,最终使加料口朝上,出料口朝下,将盛装物料的容器置于出料口下方,打开蝶阀将物料放出。出料时应控制出料速度,以便控制粉尘及减少物料损失	
3	操作结束	混合完成后,关闭主电机电源、总电源开关	

三、HSD-25 单臂混合机的清洁

HSD-25 单臂混合机清洁操作见表 5-61。

表 5-61　HSD-25 单臂混合机清洁操作

步骤	操作要点	示意图
设备清洁	① 设备内部清洁:出料结束后,关闭出料口,向混合筒内注入饮用水,关闭加料口,打开转动开关 4 min 后放出,重复 3 次,每次放水后,将加料口、出料口清洗干净。继续照此方法,注入纯化水清洗 3 次,然后使用纯化水和洁净抹布将加料口和出料口擦洗干净。向混合筒内注入 75% 乙醇,打开转动开关 10 min,进行消毒。最后打开加料口、出料口,自然晾干 ② 设备外表面清洁:用以饮用水浸湿的洁净抹布将设备外表面全部擦拭干净,重复 3 次后,使用以纯化水浸湿的洁净抹布将设备外表面再重复擦拭 3 次,最后使用以 75% 乙醇浸湿的洁净抹布擦拭设备外表面进行消毒	清洗

四、岗位清场操作

总混岗位清场操作要点见表 5-62。

表 5-62 总混岗位清场操作要点

序号	步骤	操作要点	示意图
1	清场规则	① 同品种当天生产结束、换批时进行小清场;大清场后超过有效期进行小清场 ② 同品种连续生产超过7天、换品种、停产3天以上执行大清场 ③ 考试时依据需要选择清场类型	
2	小清场	① 每次岗位操作或考核结束,将制备好的中间产品、待回收品等移交中间站 ② 清除生产过程中产生的废弃物 ③ 清洁设备台面上的异物、粉末,原则上无须拆卸混合机的混合筒或零部件进行清洗与消毒 ④ 使用毛刷刷净散落、黏附于加料口、出料口、混合筒内部等部位的物料,装入洁净塑料袋内,计量、记录后,存入废弃物暂存容器内 ⑤ 机体表面与混合筒内部:先用洁净抹布浸清洁剂擦去各部位表面的残留物(粉尘、污迹等),粉尘堆积处用毛刷蘸清洁剂刷洗清除残留粉垢,而后用洁净抹布浸纯化水将表面清洗干净,再用洁净抹布浸消毒剂擦拭消毒3遍 ⑥ 领取清洁器具清洁操作台面,清扫操作区域地面,使无积尘、杂物 ⑦ 移出与后续产品无关的文件、记录	清场
3	大清场	除小清场要求外,需对回风口、天棚、墙面、地漏进行彻底清洁和消毒,清洁顺序从上到下	

五、岗位记录填写

1. 填写要求

总混岗位批生产记录由岗位操作人员填写,再由岗位负责人及有关规定人员复核签字。不允许事前先填或事后补填,填写内容应真实。填写批生产记录应注意字迹工整、清晰,不允许用铅笔填写,且要求用笔颜色保持一致。批生产记录不能随意更改或销毁,若确实因填错需更改,务必在更改处画一横线后,将正确内容填写在旁边,并签字标明日期。

考核时为确保考评公平公正,原则上不允许岗位操作人员填写真实姓名,应填写准考证号或考试代号等。

2. 生产记录样例

（1）总混岗位生产前检查与准备记录样例　见表5-63。

表5-63　总混岗位生产前检查与准备记录样例

产品名称	碳酸氢钠片	规格	g/片	产品批号	
操作间名称/编号	总混间			生产批量	片
设备名称/型号	[　　]HSD-25单臂混合机				

生产前检查与准备	
总混前检查内容要点	检查记录
1. 核对岗位的清场情况和状态标识。确认在清场有效期内，将清场合格证(副本)粘贴在"清场合格证副本(粘贴处)"。确认无上次生产遗留物，没有与本批次生产无关的物料和文件	[　]是　[　]否
2. 检查房间状态标识是否符合要求	[　]是　[　]否
3. 确认房间温湿度、压差符合要求(温度18~26 ℃，相对湿度45%~65%)	[　]是　[　]否
4. 所有计量器具、仪器仪表在检定有效期内，确认水电气供应正常、已开启	[　]是　[　]否
5. 按批生产指令，核对品名、规格、重量、批号等	[　]是　[　]否
6. 检查设备是否完好，有无相应标识	[　]是　[　]否
7. 准备物料标签、扎带、洁净袋	[　]是　[　]否
检查人		复核人	

清场合格证副本(粘贴处)

（2）总混记录样例 见表 5-64。

表 5-64 总混记录样例

物料混合

操作要点：

1. 将临压加入的辅料硬脂酸镁、羧甲基淀粉钠与干颗粒一起装入混合器中

2. 设定混合器转速为 10 r/min，混合 6 min 后放出物料装入周转桶，填写好周转桶卡（品名、规格、产品批号、桶号、物料接收人、毛重、皮重、净重、操作人、中间站、存放有效期等项目）

3. 将总混物料交予中间站操作人

临压加入	物料名称	重量/g	称量人	复核人

HSD-25 单臂混合机		[　　　]r/min	
混合开始时间	[　　]月[　　]日[　　]时 [　　]分	混合结束时间	[　　]月[　　]日[　　]时 [　　]分
桶号			
毛重/kg			
皮重/kg			
净重/kg			

称量设备名称/型号		

物料情况	总桶数	总净重	原辅料总净重
	桶	kg	kg

物料平衡	物料平衡 =（合格总净重 + 本批待回收药重量）/（原辅料重量 + 本批加入的回收药重量） =（　　　kg+　　　kg）/（　　　kg+　　　kg）=　　　%	物料平衡范围 （97.0%~103.0%）
	平　衡（　　） 平衡打√，不平衡打×	偏差情况处理：

操作人	复核人	中间站操作人	工序负责人	质监员

备注：

（3）总混岗位清场记录样例　　见表 5-65。

表 5-65　总混岗位清场记录样例

产品名称		规格		产品批号	
操作间名称/编号		总混间		生产批量	
清场类型		[　　]大清场　[　　]小清场			
清场要求	1. 同品种当天生产结束、换批时进行小清场;大清场后超过有效期进行小清场 2. 同品种连续生产超过 7 天、换品种、停产 3 天以上执行大清场 3. 小清场执行小清场操作,大清场执行大清场操作 4. 执行操作在"是"前[　　]内打√,未执行操作在"否"前[　　]内打√				

清场	
清场操作内容	清场记录
1. 将总混物料移交至下一岗位,余料和不合格颗粒按规定退至中间站	[　]是　[　]否
2. 将与后续产品无关的文件、记录移出	[　]是　[　]否
3. 清除生产过程中产生的废弃物	[　]是　[　]否

	清场操作内容	清场记录
4. 设备、管道、工具、容器等	小清场:先将设备、设施台面上的异物清理干净,再按照相关设备清洁标准操作规程进行清洁,工具、容器等清洁,定置	[　]是　[　]否
	大清场:除小清场要求外,需对设备管道进行彻底清洁、消毒,定置	[　]是　[　]否
5. 生产环境	小清场:门窗和工作台、凳和地面清洁至无可见残留物	[　]是　[　]否
	大清场:除小清场要求外,需对回风口、天棚、墙面、地漏进行彻底清洁、消毒,清洁顺序从上到下	[　]是　[　]否
6. 生产设备和房间状态标识准确、清楚		[　]是　[　]否
7. 清场结束后由班组长或 QA 人员检查清场是否合格,检查合格签发清场合格证		[　]是　[　]否
清场结束时间	[　　]年[　　]月[　　]日[　　]时[　　]分	
清场人		复核人	

清场合格证正本(粘贴处)

视频:
混合岗位
操作

六、常见问题与处理方法

二维运动混合机混合过程中常见问题与处理方法见表5-66。

表5-66　二维运动混合机混合过程中常见问题与处理方法

问题	原因	处理方法
突然停止	瞬间负荷过大	立即关闭电源,将物料倾倒出,调试后再开机
加料口密封不严	密封垫圈损坏	更换密封垫圈
振动较大,有异响	1. 齿轮啮合不好 2. 减速机机械故障 3. 轴承损坏 4. 地脚螺丝松动	1. 调整修理齿轮 2. 检修减速机 3. 更换轴承 4. 紧固地脚螺丝
制动不灵	1. 离合器失灵 2. 控制器失灵 3. 未调好制动力	1. 检修离合器 2. 检修控制器 3. 调节时间继电器

 任务考核

一、考核要求

在线测试:
总混

1. 在线测试(5 min)

请扫描二维码完成在线测试。

2. 实践考核(60 min)

以角色扮演法进行分组考核,要求在规定时间内完成片剂物料领取及总混岗位操作,并填写批生产记录。

(1)分组要求　小组人数不少于3人,1人扮演中间站管理员,1人扮演考评员,1人扮演岗位操作人员。

(2)场景设置　应至少设有总混间、中间站,配备房间与设备状态标识牌、不锈钢勺与桶、塑料袋与扎带、可粘贴标签、清洁器具等。

(3)其他要求　考核时应提前穿戴洁净服,考核过程中应按照操作要点规范操作,及时如实填写批生产记录等。

二、评分标准

总混岗位评分标准见表5-67。

表 5-67　总混岗位评分标准

序号	考试内容	分值/分	评分要点	考生得分	备注
1	生产前检查	25	① 正确检查复核生产状态标识(3 分) ② 正确检查房间温湿度及压差(3 分) ③ 正确检查复核设备状态标识(3 分) ④ 生产前将清场合格证(副本)取下粘贴于生产记录中(2 分) ⑤ 生产前对设备进行检查(2 分) ⑥ 正确更换设备状态标识(2 分) ⑦ 能正确进行中间产品与周转桶的领取(10 分)		
2	试运行	20	① 正确使用 75% 乙醇消毒设备(5 分) ② 正确捆扎盛料袋,放置周转桶(5 分) ③ 正确进行点动试运行(10 分)		
3	正式运行	20	① 加料时,加料量合适,无大的动作幅度,不造成粉尘飞扬(5 分) ② 正确设置混合参数(7 分) ③ 正确收集合格颗粒并填写中间产品标签(8 分)		
4	清场	20	① 生产结束后,更换设备与房间状态标识(5 分) ② 正确进行设备清洁操作(5 分) ③ 正确进行房间清场操作(5 分) ④ 在规定时间内完成岗位操作(5 分)		
5	生产记录	15	① 及时规范填写各项生产记录(10 分) ② 正确粘贴清场合格证(5 分)		
			岗位总分		

任务 5.8　压　　片

PPT:
压片

 知识准备

授课视频:
压片

▶▶▶ 岗位职责

　　压片岗位操作人员应严格按照压片岗位职责要求,在固体制剂车间片剂组班组长领导下,履行工作职能。

1. 生产准备

进岗前按规定着装，进岗后按工艺要求安装压片设备；根据生产指令，按规定程序从中间站领取物料。

2. 生产操作

严格按照压片工艺规程和 SOP 进行压片。压片过程因压片设备类型和型号不同而操作方法不同。按照工作原理不同，压片机可分为单冲压片机、旋转式多冲压片机和高速旋转式压片机等，药物制剂生产职业技能等级证书考核采用旋转式多冲压片机或高速旋转式压片机，如图 5-15、图 5-16 所示。本书以 GL-145A 系列 ZP10A 旋转式多冲压片机为例介绍压片生产操作过程。

动画：
旋转式多冲
压片机工作
原理

图 5-15　旋转式多冲压片机　　图 5-16　高速旋转式压片机

压片操作人员应在规定时间检查压制片剂的质量，重点完成片重、重量差异、硬度、脆碎度和崩解时限等检测，规范、及时填写生产记录。

按规定进行物料平衡计算（计算方法详见任务 3.2 相关内容），偏差必须符合规定限度，否则按偏差处理程序处理。

压片操作人员在压片过程中发现片剂质量问题，必须及时报告工序负责人、工艺员。

3. 生产结束

按要求填写移交单据，完成压片后中间产品的移交；余料按规定退至中间站。

工作结束或更换品种时，严格按本岗位清场 SOP 清场，经 QA 人员检查合格后，悬挂清场合格标识。

4. 其他要求

工作期间严禁脱岗、串岗，不做与岗位工作无关之事；经常检查设备运转情况，注意设备保养，操作时发现故障应及时上报。

任务实施

一、压片岗位操作

1. 生产前检查与准备

压片岗位生产前检查与准备操作要点见表 5-68。

表 5-68　压片岗位生产前检查与准备操作要点

序号	步骤	操作要点	示意图
1	接收批生产指令	① 接收批生产指令、压片批生产记录(空白)、中间产品交接单(总混物料)、中间产品标签(空白)等文件 ② 仔细阅读批生产指令与压片批生产记录操作要点,明确产品名称、规格(0.3 g/片)、片重及其上下限要求、批量、冲模号,以及生产任务、注意事项等指令,其中理论片重(g/片)=含量规格(g/片)/主药在总混物料中的含量(%) ③ 对照批生产指令检查和核对与房间标识卡上的产品名称、规格、批号等要求是否一致	生产相关文件
2	复核清场	① 检查生产场地是否有上一批生产遗留的颗粒、药片、粉末等 ② 检查压片间门窗、墙壁、地面等是否干净,有无浮尘,是否光洁、明亮 ③ 检查压片间清场合格证是否在有效期内、状态标识是否符合生产要求 ④ 检查压片机机身、转盘等是否已清洁,是否悬挂有绿色"已清洁"和"完好"、黄色"待运行"标识 ⑤ 检查是否遗留上一批次批生产记录等文件	环境检查 生产前设备状态标识
3	温湿度与压差检查	检查压片间温湿度、压差是否符合要求:温度 18~26 ℃,相对湿度 45%~65%,压片间保持相对负压	生产前检查房间温湿度

序号	步骤	操作要点	示意图
4	中间产品领取	① 工序操作人填写中间产品交接单,一式两份(一份粘贴于批生产记录中,一份保存于中间站管理员处),依照批生产指令,至中间站领取总混物料 ② 领取中间产品总混物料时,工序操作人须重点核对中间产品名称、重量、批号、加工状态等信息是否与批生产指令一致,中间产品包装袋或料桶上是否有"放行"标识,并称重核对中间产品重量等,同时班组长、中间站管理员须复核检查,核对无误后,三方签字;工序操作人登记中间产品进出站台账后,方能将中间产品领回压片间,继续加工	领取中间产品
	器具领取	① 根据批产量总数,在中间站领取周转桶及塑料袋,做好登记;检查周转桶是否清洗干净,有无粉尘及其他遗留物,盖、桶是否配套;检查塑料袋是否为新袋,是否干净,有无破损 ② 将总混物料、周转桶、塑料袋置小推车上,推至压片间指定位置 ③ 按要求领取模具、配件和工具(详见本任务"二、旋转式压片机冲模的领取与归还")	周转桶
5	复核检查与记录	① 按照批生产记录中生产前检查操作要点复核,任何一条不符合要求则不能进入下一程序 ② QA 人员现场复核无误后签字准产 ③ 按照批生产记录填写要求,填写压片岗位生产前检查与准备记录 ④ 粘贴清场合格证(副本)于记录中	复核准产签字

2. 生产过程

压片岗位操作要点见表 5-69。

表 5-69　压片岗位操作要点

序号	步骤	操作要点	示意图
1	压片机开机前检查与准备	① 对领取的冲模与工具进行清洁消毒;按本任务"三、旋转式压片机的标准操作"安装冲模与配件等 ② 出片槽出片位置连接筛片机,筛片机连接周转桶,且内附塑料袋 ③ 检查紧固螺钉是否安装到位,确认水电气供应正常、已开启,检查油杯油量是否达到最低限度以上,压力旋钮是否回零 ④ 旋转手轮 3~5 周,无卡阻现象方可开机;点动运转机器 3~5 周,设备无障碍、无摩擦现象后,空转 3~5 min,停机,无异常情况方可进入正常生产 ⑤ 更换房间状态标识为"正在生产"、设备状态标识为"正在运行"	开机前检查与准备 设备试运行 更换设备状态标识
2	加料	开启吸尘器,将领取的物料加至加料斗中(药物制剂生产职业技能等级证书考核采用手工加料),加料时注意动作要轻,尽量避免产生粉尘	加料
3	试压调节	将压力调节旋钮调至压片要求参数范围;低速运转压片机(可转动手轮或点动机器),同时调节填充和压力旋钮,逐步增加片子重量和压力。试压阶段可采用 10 片药片鉴定片重方式,按照高于《中国药典》标准设置片重合格要求,确定填充深度	压片调节

续表

序号	步骤	操作要点	示意图
4	试压片剂检测	① 当所压药片片面光洁完整时，停止运行，取检测量药片，测定 10 片药片总片重(计算平均片重)，进行重量差异、硬度(小片硬度通常为 20~30 N，大片通常为 30~100 N)等检测，及时填写压片批生产记录。各项指标合格后(指标判定详见表 5-74)，方可正式开机压片 ② 取样时，不得用裸手接触药片，可使用不锈钢小铲；试压阶段每次取样可及时停机，以免压出大量不良产品	 试压过程片剂检测
5	正式压片	正式压片时，调节转速至要求转速，压片人员应随时检测片剂外观质量；每 15 min 测定片重 1 次(片重若经常超出片重范围则应增加测定片重频次)，每 2 h 测定重量差异 1 次，每班测定脆碎度、崩解时限 1~2 次，及时收集合格药片，同时填写压片批生产记录(以上检查时间可根据生产实际调整)	正式压片
6	记录填写	① 试压过程中应及时记录设定压力、转速、10 片药片总片重、重量差异、脆碎度结果，判定合格后，质检员经检测确认签字，方可正式压片 ② 正式压片过程中应详细记录 10 片药片总片重、硬度、脆碎度和崩解时限检查结果，并写明准确检查时间 ③ 期间，质检员应定时检查片重、重量差异等，质检记录一并计入压片记录表中 ④ 压片结束后，应记录产量情况(包括桶号、毛重、皮重、净重)，并由工序负责人复核签字	压片记录
7	生产结束后产品的收集与移交	① 停机，填充与压力旋钮回零，关闭电源 ② 收集合格品，填写中间产品标签(品名、规格、产品批号、毛重、皮重、净重、操作人、操作时间、存放有效期等项目)，粘贴于塑料袋或周转桶外表面，以回头轧方式扎紧塑料袋	合格品收集

续表

序号	步骤	操作要点	示意图
7	生产结束后产品的收集与移交	③ 压片机与压片间分别换上黄色"待清洁"和"待清场"状态标识 ④ 移交合格中间产品(素片)至中间站。工序操作人填写中间产品交接单(递交),一式两份(一份粘贴于批生产记录中,一份保存于中间站管理员处);填写请验单 ⑤ 中间站管理员核对中间产品名称、重量、批号、加工状态等,重点复核中间产品重量(称重复核)等,核对无误后签字;同时填写中间产品进出站台账	更换状态标识 中间产品移交
	废弃物收集	收集压片机内、天平、硬度测定仪上残留的素片、碎片、颗粒,移入废弃物桶内;用手持式吸尘器把压片机、磅秤、天平、硬度测定仪上的产品粉末吸除干净;收集吸尘器内细粉及地脚粉等废弃物,置废弃物塑料袋内,粘贴废弃物标签,以回头扎方式扎好塑料袋,称重并标识,交相关人员统一处理	废弃物处理

二、旋转式压片机冲模的领取与归还

旋转式压片机冲模的领取与归还见表5-70。

表5-70　旋转式压片机冲模的领取与归还

序号	步骤	操作要点	示意图
1	模具领取	① 接到批生产指令,生产部班组长和工序操作人到模具室领取模具 ② 两人一同核对冲模规格与批生产指令是否一致;检查外观光泽度,有无凹槽、卷皮、缺角及磨损情况;检查冲头长短是否保持一致,核对无误后双方填写模具使用台账 ③ 将模具置于小推车上,运至压片间	模具领取

续表

序号	步骤	操作要点	示意图
2	配件领取	① 接到批生产指令,生产部班组长和工序操作人到配件室领取压片机配件 ② 两人一同核对加料斗、出片槽、加料勺、小钢铲和捕尘装置是否清洁,是否干燥,核对无误后双方填写使用台账,并置于小推车上,运至压片间	配件领取
3	模具归还	压片结束,清场过程中,应将清洁消毒后的模具涂抹润滑油,安装保护套,置于小推车上,由工序操作人与班组长将模具送回模具室,填写模具使用台账	模具归还
4	配件归还	压片结束,清场过程中,应将清洁消毒后的配件(加料斗、出片槽、加料勺、小钢铲和捕尘装置)置于小推车上,由工序操作人与班组长将配件送回配件室,填写使用台账	配件归还

三、旋转式压片机的标准操作

旋转式压片机(GL–145A 系列 ZP10A)的标准操作见表 5–71。

表 5–71　旋转式压片机的标准操作

序号	步骤	操作要点	示意图
1	清洁模具与工作转台	领取的模具应除油,用以 75% 乙醇浸湿的洁净抹布擦净模具与工作转台表面的润滑油	擦拭模具和工作转台

172

续表

序号	步骤	操作要点	示意图
2	中模安装	打开设备外盖,将转台上的中模紧固螺钉逐个旋出;转动手轮至上冲、中模、下冲齐平,取中模装入中模孔位置,用打棒由上冲孔穿入,并轻轻将中模打入模孔,使其平面不高出转台平面为合格,然后将螺钉紧固	中模安装
3	上冲安装	拆除上轨道外盖,转动手轮至上冲、中模、下冲齐平;手拿上冲上端(不接触冲头),将其插入上轨道缺口,用大拇指和食指旋转冲杆,检验头部进入中模情况,上下滑动灵活、无卡阻现象为合格。再转动手轮,将全部上冲送入平行轨(某些型号设备存在上轨道嵌轨,这时须先取出嵌轨,再安装上冲)	上冲安装
4	下冲安装	将下冲平行轨盖板与下轨道嵌轨移出,转动手轮至上冲、中模、下冲齐平,将下冲从下冲孔穿入,送至平行轨上,依次安装剩余下冲。安装完毕,盖好轨道盖板,合上手柄,盖好不锈钢面罩	下冲安装

序号	步骤	操作要点	示意图
5	配件安装	① 安装加料斗、强迫式加料器和出片槽,紧固螺丝,确保加料器与工作转盘安装缝隙不大于 A4 纸厚度,防止漏料 ② 转动手轮 3~5 周,检查机器是否存在卡阻现象,按照本任务表 5-69 相关步骤进行开机压片操作	 配件安装

四、旋转式多冲压片机的拆卸与清洁

1. 旋转式多冲压片机的拆卸

旋转式多冲压片机的拆卸操作要点见表 5-72。

表 5-72　旋转式多冲压片机的拆卸操作要点

序号	步骤	操作要点	示意图
1	拆卸配件	① 压片完毕后,关闭主电机电源、总电源、真空泵开关 ② 用手持式吸尘器清除残留物料,置于废弃物袋中,拆卸料斗、加料器、出片槽	拆卸配件

续表

序号	步骤	操作要点	示意图
2	拆卸下冲	取出下轨道盖板与嵌轨,转动手轮,使下冲与下轨道缺口齐平,取出下冲。转动手轮,依次拆卸下冲,并将嵌轨复位	拆卸下冲
3	拆卸上冲	转动手轮,使上冲、中模、下冲在同一线上,将上冲从上冲孔中取出。转动手轮,依次拆卸上冲	拆卸上冲
4	拆卸中模	旋出中模紧固螺钉,转动手轮,使上冲、中模、下冲在同一线上,打棒穿过下轨道缺口、下冲孔,向上敲打中模,将中模从工作台面模孔中打出。转动手轮,依次拆卸中模,并将紧固螺钉复位	拆卸中模

2. 旋转式多冲压片机的清洁

旋转式多冲压片机的清洁操作见表5-73。

表5-73 旋转式多冲压片机的清洁操作

序号	步骤	操作要点	示意图
1	设备清洁	① 用专用于设备内表面或与药物直接接触部位的浅色洁净抹布(不脱落纤维和颗粒,下同),手持式吸尘器清洁工作台上的颗粒与粉尘,收集后按废弃物处理 ② 逐一拆除上、下冲集尘环,将浅色洁净抹布缠绕在钢丝上,清洁上、下冲孔,然后用浅色洁净抹布浸75%乙醇擦拭 ③ 用专用于设备外表面的深色洁净抹布浸纯化水擦拭设备外表面后,再用深色洁净抹布浸75%乙醇擦拭,其中有机玻璃面罩不能用75%乙醇擦拭 ④ 打开设备下部不锈钢外罩,用深色洁净抹布擦净马达外罩、风扇等,不得有残留粉尘、油污等	设备清洁
2	模具和附件的清洁	① 将料斗、加料器、冲模、出片槽等直接接触药品的零部件全部拆卸后,送至清洁间依次用10~50 ℃饮用水清洗,并用5%中性清洁剂(5 ml中性清洁剂加纯化水稀释至1 000 ml)擦洗,再用饮用水冲洗5 min,最后用10~50 ℃纯化水冲洗干净(非不锈钢部位不能用水清洗) ② 用专用于设备内表面或与药物直接接触部位的浅色洁净抹布擦拭冲模与零部件后自然晾干;用75%乙醇擦拭消毒 ③ 集尘环用清洁剂浸泡后,用饮用水、纯化水冲洗干净,晾干备用 ④ 配件和模具按"二、旋转式压片机冲模的领取与归还"的操作要点归还至配件室和模具室 ⑤ 通常容器具每3天用消毒剂消毒一次(直接接触药物的表面用75%乙醇擦拭消毒)并更换清洁单	模具清洁 附件清洁
3	更换状态标识	① 目测检查设备、容器表面应无可见异物、无生产遗留物 ② 机器安装完毕后,挂"已清洁""待用"状态标识	更换状态标识

五、压片过程质量控制

压片过程质量控制见表 5-74。

表 5-74　压片过程质量控制

序号	步骤	操作要点	示意图
1	试压过程控制	10 片药片的平均片重控制在标示量的 ±2% 范围,重量差异控制在 ±4% 范围[标准均高于《中国药典》(2020 年版)];硬度以企业内控标准为准;脆碎度≤1%	试压过程控制
2	正式压片过程控制	① 压片操作人员正式压片时,每 15 min 检查 1 次 10 片片重,判定是否符合要求;每 2 h 检查 1 次重量差异;每班检查 1 次脆碎度、崩解时限,判定结果 ② 质检员每 2 h 检查 1 次 10 片片重;每 4 h 检查 1 次重量差异;每班检查 1 次脆碎度、崩解时限,判定结果	正式压片过程控制

六、岗位清场操作

压片岗位清场操作见表 5-75。

表 5-75　压片岗位清场操作

序号	步骤	操作要点	示意图
1	更换房间状态标识	压片结束,更换房间状态标识为黄色"待清场"	更换"待清场"状态标识

续表

序号	步骤	操作要点	示意图
2	清场与复核检查	① 将制备好的颗粒、压好的药片、可回收品等移交中间站，移出与后续产品无关的文件和记录 ② 按表 5–73 中旋转式多冲压片机的清洁操作要点清洁压片设备 ③ 领取清洁器具，先用吸尘器吸净地面，用纯化水擦洗地面，再用洁净抹布擦拭干净；依次用浸纯化水、消毒剂的洁净抹布擦拭天棚、墙壁、台面、门窗、室内照明灯、风管、开关箱外壳，确保无积尘、积水、药粉和结垢等 ④ 将清洁器具移至清洁间，清洁干净 ⑤ 操作人员及时填写清场记录。清场结束，请 QA 人员检查复核 ⑥ QA 人员按清场项目对清场情况进行复核，合格后签发清场合格证（一式两份，包含正本与副本） ⑦ 操作人员将正本粘贴于本次清场记录中，副本留在现场，以备下次操作前检查使用	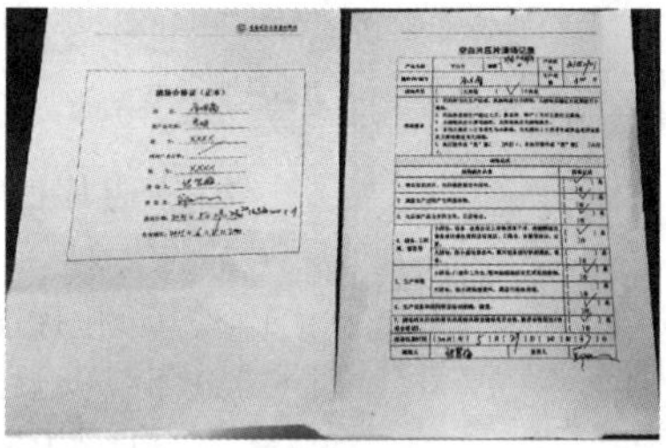 清场复核
3	更换房间状态标识	清场复核结束，更换房间状态标识为绿色“已清场”	 更换“已清场”状态标识

视频：压片岗位标准操作规程

视频：IMA 压片机的安装操作及清洁维护保养

七、岗位记录填写

1. 填写要求

压片岗位批生产记录由岗位操作人员填写，再由岗位负责人或有关规定人员复核签字。不允许事前先填或事后补填，填写内容应真实。填写批生产记录应注意字迹工整、清晰，不允许用铅笔填写，且要求用笔颜色保持一致。批生产记录不能随意更改或销毁，若确实因填错需更改，务必在更改处画一横线后，将正确内容填写在旁边，并签字标明日期。

考核时为确保考评公平公正，原则上不允许岗位操作人员填写真实姓名，应填写准考证号或考试代号等。

2. 生产记录样例

（1）压片岗位生产前检查与准备记录样例　见表 5–76。

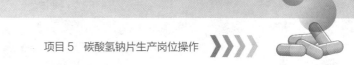

表5-76 压片岗位生产前检查与准备记录样例

产品名称	碳酸氢钠片	规格	0.3 g/片	产品批号	
操作间名称/编号	压片间			生产批量	万片
设备名称/型号	[　　　]ZP10A 旋转式压片机				

生产前检查与准备

压片前检查内容要点	检查记录
1. 核对岗位的清场情况和状态标识,确认在清场有效期内,将清场合格证(副本)粘贴在"清场合格证副本(粘贴处)"。确认无上次生产遗留物,没有与本批次生产无关的物料和文件	[　]是 [　]否
2. 检查房间状态标识是否符合要求	[　]是 [　]否
3. 确认房间温湿度、压差符合要求(温度 18~26 ℃,相对湿度 45%~65%)	[　]是 [　]否
4. 确认所有计量器具、仪器仪表在检定有效期内,水电气供应正常、已开启	[　]是 [　]否
5. 核对领取的冲头型号,是否有卷边等	[　]是 [　]否
6. 检查设备是否完好,有无相应标识	[　]是 [　]否

检查人		复核人	

清场合格证副本(粘贴处)

（2）压片记录样例　见表 5-77 和表 5-78。

表 5-77　试压片记录样例

产品名称	碳酸氢钠片	规格	0.3 g/片	产品批号	
操作间名称/编号	压片间			生产批量	万片

操作要点：

选用 10.5 mm 浅凹型的冲模，正确安装于压片机上。操作间清场合格后向中间站领取颗粒，中间站将颗粒交给压片操作人，当面复核无误后，将颗粒移入压片间，并在物料出站台账上做好记录。

试开空机：点动开机，设备无障碍、无摩擦现象后，空机转动无卡阻后停机。将少量颗粒加入漏斗中，控制预压力，设定主压力，压片机转速为 20~30 r/min。开机试压少量片剂，检查外观，测定每 10 片片重、重量差异、硬度等，各项指标合格后方可正式开机压片。

压片过程中操作人随时检测外观质量，每 15 min 测 10 片片重 1 次，10 片片重范围控制在 ±2%。每 2 h 测定重量差异 1 次，重量差异控制在 ±4%。每班测定脆碎度和崩解时限各 1 次，脆碎度控制在 1% 以内，崩解时限控制在 15 min 以内。质检员每 2 h 检测 10 片片重、外观 1 次，每 4 h 检测重量差异 1 次，每班检测脆碎度和崩解时限各 1 次。压出片剂称重量后，填写好口服固体制剂车间流转桶卡（品名、规格、产品批号、桶号、当班桶序、毛重、皮重、净重、操作人、操作时间、中间站、存放有效期等项目），经复核后送入中间站贮存。

压好的药片、可回收药品、不可回收药品移交中间站，压片过程中清扫的粉尘、生产过程中产生的废弃物及时移出洁净区进行处理。

试压片记录					
试压片时间		[　　]年[　　]月[　　]日[　　]时[　　]分			
设定压力/kN		实际压力/kN		设定压片机转速/(r·min⁻¹)	
主压力 I	主压力 II	预压力 I	预压力 II		
		主压力 I	主压力 II		

试压片检查记录					
外观		质量标准：片面白色、光洁		□合格　□不合格	
10 片片重		g		□合格　□不合格	
重量差异				□合格　□不合格	
	平均片重		g	重量差异	%
硬度	1	2	3	4	5	6	□合格　□不合格
压片操作人			质检员		

180

表 5-78 正式压片记录样例

产品名称	碳酸氢钠片		规格	0.3 g/片	产品批号	
操作间名称/编号	压片间				生产批量	万片
正式生产记录						
实际压片重量	片重：　　　g/10 片					
生产时间	[　　]年[　　]月[　　]日[　　]班[　　]时[　　]分 ——[　　]时[　　]分					
物料接收	桶号			重量		kg
	中间站操作人			物料接收人		

	房间温度	18~26 ℃	□合格　□不合格	房间湿度	45%~65%	□合格　□不合格
操作记录	项目	质量标准			检测结果	
	外观	片面白色、光洁			□合格　□不合格	
	脆碎度 （2 次/班）	≤1%	检测时间	检测前	检测后	脆碎度
			时　分	g	g	%
			检测时间	检测前	检测后	脆碎度
			时　分	g	g	%
	崩解时限 （1 次/班）	≤15min	检测时间	1	2	3
			时　分	4	5	6
	10 片片重/g （1 次/15min）	上限： 下限： （±2%）				
	重量差异　±4%（1 次/2 h）					

脆碎度（2 次/班）检测结果：□合格　□不合格
崩解时限（1 次/班）检测结果：□合格　□不合格
10 片片重/g（1 次/15min）检测结果：□合格　□不合格

操作记录	时间	每片重量/g								平均片重/g	重量差异
	时　分										
	时　分										
	时　分										
	时　分										
	产量情况	桶号							总净重	总产量	
		毛重									
		皮重							kg	万片	
		净重									
	操作人			工序负责人							

质检记录	项目	质量标准				检测结果	
	外观	片面白色、光洁				□合格	□不合格
	脆碎度（1次/班）	≤1%	检测时间	检测前	检测后	脆碎度	□合格　□不合格
			时　分	g	g	%	□合格　□不合格
	崩解时限（1次/班）	≤15min	检测时间	1	2	3	□合格　□不合格
			时　分	4	5	6	
	10片片重（1次/2h）	上限：　下限：（±2%）	时　分			g	□合格　□不合格
			时　分			g	
			时　分			g	
			时　分			g	
	重量差异　±4%（1次/4h）						

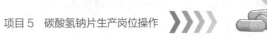

续表

	时间	每片重量/g								平均片重/g	重量差异
质检记录	时　分										
	时　分										
	质检员										

	桶号							
物料汇总	总净重	总产量	总桶数	回收药总净重		汇总人	质检员	
	kg	万片	桶	kg				

	物料平衡 =(合格总净重 + 本批回收药总净重)/ (颗粒总重量)×100%	物料平衡范围: 98.0%~101.0%
物料平衡	平　衡(　)	偏差处理情况:
	平衡打√,不平衡打×	

请验单(粘贴处)

(3) 压片岗位清场记录样例 见表 5-79。

表 5-79 压片岗位清场记录样例

产品名称	碳酸氢钠片	规格	0.3 g/片	产品批号	
操作间名称/编号	压片间			生产批量	万片
清场					
清场操作内容				清场记录	
1. 工具、模具归位				[ ]是 [ ]否	
2. 移交压片过程拆卸记录, 现场无遗留记录				[ ]是 [ ]否	
3. 设备等	设备异物清理干净			[ ]是 [ ]否	
	冲模拆卸完毕			[ ]是 [ ]否	
	冲模涂抹润滑油或置于油盒中			[ ]是 [ ]否	
4. 生产环境	工作台和地面无可见残留物			[ ]是 [ ]否	
5. 生产设备和房间状态标识准确				[ ]是 [ ]否	
6. 清场结束后由 QA 人员检查清场是否合格, 检查合格签发清场合格证				[ ]是 [ ]否	
清场结束时间	[ ]年[ ]月[ ]日[ ]时[ ]分				
清场人		复核人			

清场合格证正本(粘贴处)

八、常见问题与处理方法

旋转式多冲压片机压片过程中常见问题与处理方法见表5-80。

表5-80 旋转式多冲压片机压片过程中常见问题与处理方法

问题	原因	处理方法
裂片	1. 物料自身性质 2. 润滑剂过量 3. 黏合剂选择不当或用量不足 4. 颗粒过干,含水量不足,细粉过多	1. 重新选择物料 2. 调节润滑剂用量 3. 加干黏合剂或更换黏合剂重新制粒 4. 喷入适量70%~90%乙醇等
松片	1. 物料可压性差 2. 颗粒过干,细粉过多,流动性差 3. 黏合剂选择不当 4. 压片机压力不够或冲头长短不齐	1. 更换可压性好的物料 2. 调整压片颗粒的含水量,加助流剂或更换润滑剂 3. 选用黏性较强的黏合剂 4. 增大压片机压力或检查、更换冲头
黏冲	1. 颗粒含水量过多,车间湿度大 2. 润滑剂使用不当或混合不匀 3. 冲头表面粗糙或不干净	1. 进一步干燥颗粒,降低车间湿度 2. 更换润滑剂,充分混匀 3. 更换冲头
重量差异超限	1. 颗粒大小不一,流动性不好 2. 冲头与模孔吻合性不好 3. 加料斗装量时多时少	1. 重新制粒,加助流剂 2. 更换冲头、模圈 3. 停机、检修
崩解迟缓	1. 崩解剂选择或用量不当 2. 颗粒过粗 3. 疏水性润滑剂用量过多 4. 黏合剂黏性太强或用量太大 5. 压片压力过大	1. 更换崩解剂 2. 调整颗粒粒度 3. 减少疏水性润滑剂用量 4. 调整黏合剂 5. 减小压片压力

 任务考核

一、考核要求

1. 在线测试(5 min)

请扫描二维码完成在线测试。

2. 实践考核(40 min)

以角色扮演法进行分组考核,要求在规定时间内完成碳酸氢钠片压片岗位操作,并填写批生产记录。

（1）分组要求 小组人数不少于3人,1人扮演中间站管理员,1人扮演考评员,1人扮演岗位操作人员。

在线测试:
压片

（2）场景设置　应至少设有压片间、中间站、模具室、配件室,配套旋转式多冲压片机与配件、房间与设备状态标识牌、不锈钢勺与桶、塑料袋与扎带、可粘贴标签、清洁器具等。

（3）其他要求　考核时应提前穿戴洁净服,考核过程中应按照操作要点规范操作,及时如实填写批生产记录等。

二、评分标准

压片岗位评分标准见表5-81。

表5-81　压片岗位评分标准

序号	考试内容	分值/分	评分要点	考生得分	备注
1	生产前检查	10	① 正确检查复核房间状态标识(2分) ② 正确检查复核设备状态标识(2分) ③ 正确检查复核地面、门窗是否清洁,有无残留物料,是否遗留上批次文件(1分) ④ 检查操作间温度、相对湿度、压差(2分) ⑤ 至中间站领取中间产品(1分) ⑥ 复核中间产品标签、重量(2分)		
2	压片机安装	20	① 至指定位置领取模具与配件,填写使用台账(1分) ② 安装前检查冲模外观光泽度,有无凹槽、卷皮、缺角等情况,检查冲头长短是否保持一致(1分) ③ 用75%乙醇清洁冲模与压片机转台(1分) ④ 手轮转动方向正确(1分) ⑤ 正确安装中模(4分) ⑥ 正确安装上冲(4分) ⑦ 正确安装下冲(4分) ⑧ 上、下冲安装过程中手不触碰冲头(1分) ⑨ 冲模安装完毕,嵌轨、螺钉正确归位(1分) ⑩ 正确安装配件(加料斗、出片槽等)(1分) ⑪ 手动转动与开机运行机器,机器无卡阻(1分)		
3	压片	40	① 进行开机前检查(2分) ② 确认压力表回零(2分) ③ 空机试运行(2分) ④ 正确调节压片机填充、压力(9分) ⑤ 试压阶段片重、重量差异符合要求(10分) ⑥ 正确收集试压与残留物料、不合格药片等(2分) ⑦ 正确收集合格药片(3分) ⑧ 收集袋称量、标识、扎带正确(5分) ⑨ 正确交接中间产品至中间站(5分)		

续表

序号	考试内容	分值/分	评分要点	考生得分	备注
4	清场	20	① 收集机器残留物料粉末至废弃物袋或桶(1 分) ② 废弃物袋/桶做好标识(1 分) ③ 正确拆卸配件:料斗、加料器、出片槽等(1 分) ④ 正确使用工具旋松中模紧固螺丝、上下冲嵌轨等(1 分) ⑤ 工作转台转动方向正确(1 分) ⑥ 正确拆卸下冲(4 分) ⑦ 正确拆卸上冲(4 分) ⑧ 正确拆卸中模(2 分) ⑨ 正确清洁与消毒配件及主机(1 分) ⑩ 正确清洁与消毒模具(1 分) ⑪ 设备内表面与外表面清洁抹布不混用(1 分) ⑫ 模具归还模具室(1 分) ⑬ 工具归还工具室(1 分)		
5	生产记录	10	① 正确填写过程交接单、中间站台账(4 分) ② 如实及时填写压片记录、设备使用记录(4 分) ③ 正确填写清场记录(2 分)		
岗位总分					

项目 6
碳酸氢钠片质量检查

>>>> **项目描述**

  质量检查是质量管理的一部分,强调的是质量要求,具体是指通过科学的分析手段,依据建立的实验管理和各项检验规程,对生产过程的原料、辅料、包装材料、工艺用水、洁净环境、中间产品等进行分析测试,根据得出的准确真实可靠的实验数据,对生产过程的质量状态做出符合性的判断,质量检查结论是产品放行的依据之一。在实际生产过程中,应严格遵循《药品生产质量管理规范》(GMP)要求,规范质量检查岗位操作,监督一切生产行为按照生产管理文件执行,以确保药品质量。

  本项目以对碳酸氢钠片的质量检查为例,基于质检人员身份,按照质检岗位要求,介绍碳酸氢钠片的外观性状鉴别、供试品处理等操作,使学员掌握碳酸氢钠片制剂鉴别、碳酸盐检查、含量测定等岗位操作技能。

>>>> **学习目标**

- **知识目标**
1. 掌握片剂的质量标准。
2. 掌握片剂的性状特点和制剂鉴别方法。
3. 掌握片剂的碳酸盐检查方法和含量测定方法。
4. 掌握质检后清场的方法及记录填写方法。

- **能力目标**
1. 会鉴别碳酸氢钠片的外观性状。
2. 能选择正确的仪器对碳酸氢钠片进行制剂鉴别、供试品处理等操作。
3. 能选择正确的仪器对碳酸氢钠片进行碳酸盐检查操作。
4. 能选择正确的仪器对碳酸氢钠片进行含量测定。
5. 能解决质量检查中的常见问题。
6. 能正确清场和填写检查记录。

- **素养目标**
1. 养成药品质量检查严谨细致、实事求是的职业态度。
2. 培养爱岗敬业、精益求精的职业精神。
3. 树立保障药品质量与安全的社会责任感。

知识导图:
碳酸氢钠片
质量检查

>>>> **知识导图**

  请扫描二维码了解本项目主要内容。

任务 6.1　质量分析

知识准备

一、片剂的质量标准

片剂的质量标准包含性状、鉴别、检查、含量测定和贮藏等内容。《中国药典》（2020 年版）四部通则 0101 规定，片剂外观应完整光洁，色泽均匀，有适宜的硬度和耐磨性，以免包装、运输过程中发生磨损或破碎，除另有规定外，非包衣片应符合片剂脆碎度检查法（通则 0923）的要求。片剂应注意贮存环境中温度、湿度以及光照的影响，除另有规定外，片剂应密封贮存。生物制品原液、半成品和成品的生产及质量控制应符合相关品种要求。除另有规定外，片剂应进行重量差异、崩解时限、发泡量（针对阴道泡腾片）、分散均匀性（针对分散片）、微生物限度检查等。

二、碳酸氢钠片的外观性状

本品含碳酸氢钠（$NaHCO_3$）应为标示量的 95.0%~105.0%，为白色片。

任务实施

一、制剂鉴别

制剂鉴别操作要点见表 6-1。

表 6-1　制剂鉴别操作要点

序号	步骤	操作要点	示意图
1	供试品处理	取本品的细粉适量，加水振摇，滤过，获得滤液	供试品处理

PPT：
质量分析
（碳酸氢
钠片）

授课视频：
质量分析
（碳酸氢
钠片）

视频：
药物的名称

续表

序号	步骤	操作要点	示意图
2	钠盐鉴别反应	① 取铂丝,用盐酸湿润后,蘸取供试品,在无色火焰中燃烧,火焰即呈鲜黄色 ② 取供试品约 100 mg,置 10 ml 试管中,加水 2 ml 溶解,加 15% 碳酸钾溶液 2 ml,加热至沸,不得有沉淀生成;加焦锑酸钾试液 4 ml,加热至沸;置冰水中冷却,必要时,用玻棒擦拭试管内壁,应有致密的沉淀生成	钠盐鉴别
3	碳酸氢盐鉴别	① 取供试品溶液,加稀酸,即泡沸,产生二氧化碳气体,导入氢氧化钙试液中,即生成白色沉淀 ② 取供试品溶液,加硫酸镁试液,煮沸,生成白色沉淀 ③ 取供试品溶液,加酚酞指示液,不变色或仅显微红色	碳酸氢盐鉴别

二、碳酸盐检查

碳酸盐检查操作要点见表 6-2。

表 6-2　碳酸盐检查操作要点

序号	步骤	操作要点	示意图
1	样品处理	取本品研细,精密称取适量(相当于碳酸氢钠 1.00 g),加新沸过并用冰冷却的水 100 ml,轻轻旋摇使碳酸氢钠溶解	样品处理
2	碳酸盐检查	在溶液中加入酚酞指示液 4~5 滴,如显红色,立即加盐酸滴定液 (0.5 mol/L)1.30 ml,应变为无色	碳酸盐检查

三、含量测定

含量测定操作要点见表6-3。

表6-3　含量测定操作要点

序号	步骤	操作要点	示意图
1	样品处理	取本品10片,精密称定后研细,精密称取适量(约相当于碳酸氢钠1 g),加水50 ml,振摇使碳酸氢钠溶解	样品处理
2	含量测定	在溶液中加甲基红–溴甲酚绿混合指示液10滴,用盐酸滴定液(0.5 mol/L)滴定至溶液由绿色转变为紫红色,煮沸2 min,放冷,继续滴定至溶液由绿色变为暗紫色。每1 ml盐酸滴定液(0.5 mol/L)相当于42.00 mg的$NaHCO_3$	含量测定

四、岗位记录填写

质量分析记录样例见表6-4。

表6-4　质量分析记录样例

产品名称	碳酸氢钠片	规格	0.3 g/片	产品批号	20210923
操作间名称/编号	质检室			生产批量	16.7万片

操作要点:

1. 制剂鉴别:取本品的细粉适量,加水振摇,滤过,获得滤液。取铂丝,用盐酸润湿后,蘸取供试品,在无色火焰中燃烧,火焰即呈鲜黄色。取供试品约100 mg,置10 ml试管中,加水2 ml溶解,加15%碳酸钾溶液2 ml,加热至沸,不得有沉淀生成;加焦锑酸钾试液4 ml,加热至沸;置冰水中冷却,必要时,用玻棒擦拭试管内壁,应有致密的沉淀生成。取供试品溶液,加稀酸,即泡沸,产生二氧化碳气体,导入氢氧化钙试液中,即生成白色沉淀。取供试品溶液,加硫酸镁试液,煮沸,生成白色沉淀。取供试品溶液,加酚酞指示液,不变色或仅显微红色

2. 碳酸盐检查:取本品研细,精密称取适量(相当于碳酸氢钠1.00 g),加新沸过并用冰冷却的水100 ml,轻轻旋摇使碳酸氢钠溶解。在溶液中加入酚酞指示液4~5滴,如显红色,立即加盐酸滴定液(0.5 mol/L)1.30 ml,应变为无色

3. 含量测定:取本品10片,精密称定后研细,精密称取适量(约相当于碳酸氢钠1 g),加水50 ml,振摇使碳酸氢钠溶解。在溶液中加甲基红–溴甲酚绿混合指示液10滴,用盐酸滴定液(0.5 mol/L)滴定至溶液由绿色转变为紫红色,煮沸2 min,放冷,继续滴定至溶液由绿色变为暗紫色。每1 ml盐酸滴定液(0.5 mol/L)相当于42.00 mg的$NaHCO_3$

续表

检测记录		
项目	标准/结果	判定
钠盐鉴别	火焰颜色:鲜黄色	□合格 □不合格
	加15%碳酸钾溶液加热至沸:不得有沉淀生成	
碳酸氢盐鉴别	导入氢氧化钙试液:白色沉淀	□合格 □不合格
	加硫酸镁试液:白色沉淀	□合格 □不合格
	加酚酞指示液:不变色或仅显微红色	□合格 □不合格
碳酸盐检查	立即加盐酸滴定液(0.5 mol/L)1.30 ml:红色变为无色	□合格 □不合格
含量测定	盐酸滴定液用量/ml　　　换算 $NaHCO_3$ 结果/mg	□合格 □不合格
操作人		复核人

任务考核

一、考核要求

1. 在线测试(5 min)

请扫描二维码完成在线测试。

2. 实践考核(60 min)

以角色扮演法进行考核,要求在规定时间内完成碳酸氢钠片的质量检查。

(1)场景设置　应至少设有检测室或实验室1间,配套烧杯、试管和滴定管等必要的玻璃仪器,清洁器具和废弃物桶等。

(2)其他要求　考核时应提前穿戴洁净服或工作服,考核过程中应按照操作要点规范操作,及时如实填写检查记录等。

二、评分标准

质量分析操作评分标准见表6-5。

在线测试:
质量分析
(碳酸氢
钠片)

表 6-5 质量分析操作评分标准

序号	考试内容	分值/分	评分要点	考生得分	备注
1	制剂鉴别	30	① 检查操作间温度、相对湿度(2分) ② 检查计量器具是否有校验证明,是否进行校正(3分) ③ 正确选择玻璃仪器(3分) ④ 正确选择天平精密度(4分) ⑤ 正确进行称量(5分) ⑥ 正确进行过滤操作(3分) ⑦ 加入试液用量准确(5分) ⑧ 操作和标准规程一致(5分)		
2	碳酸盐检查	20	① 正确选择天平精密度(2分) ② 正确进行称量(3分) ③ 正确选用新沸过并用冰冷却的水(2分) ④ 加入试液用量准确(3分) ⑤ 正确进行滴定操作(5分) ⑥ 操作和标准规程一致(5分)		
3	含量测定	30	① 正确选择天平精密度(2分) ② 片剂取用量正确(3分) ③ 正确进行称量(5分) ④ 加入试液用量准确(5分) ⑤ 正确进行滴定操作(10分) ⑥ 操作和标准规程一致(5分)		
4	清场	10	① 收集检查中的残留物料粉末至废弃料袋或桶(2分) ② 正确处理检查中的残留液体(2分) ③ 正确清洗玻璃仪器(3分) ④ 相应试液等归位(1分) ⑤ 正确清洁操作台面(2分)		
5	检查记录	10	① 如实及时记录检查结果(4分) ② 正确计算含量(4分) ③ 正确填写清场记录(2分)		
	岗位总分				

PPT：
质量检查
操作（碳酸
氢钠片）

授课视频：
质量检查
操作（碳酸
氢钠片）

任务 6.2 质量检查操作

 知识准备

▶▶▶ 片剂的质量检查项目

片剂的质量直接影响其药效和用药的安全性。根据《中国药典》（2020 年版）制剂通则的规定，片剂的质量检查主要有以下项目。

1. 外观检查

片剂外观应完整光洁，色泽均匀，有适宜的硬度和耐磨性，以免包装、运输过程中发生磨损或破碎。除另有规定外，非包衣片应符合片剂脆碎度检查法（通则 0923）的要求。

2. 重量差异

在片剂的制备过程中，很多因素均可影响片剂的重量。重量差异大，意味着每片的主药含量不一致，对临床治疗可能产生不利的影响。因此，必须把片剂的重量差异控制在规定的限度内。普通片剂直接检查；糖衣片的片芯应检查重量差异并符合规定，包糖衣后不再检查重量差异；薄膜衣片应在包薄膜衣后检查重量差异并符合规定。凡规定检查含量均匀度的片剂，一般不再进行重量差异检查。

3. 硬度与脆碎度

硬度和脆碎度可以反映药物的压缩成型性，对片剂的生产、运输和贮存带来直接影响，对片剂的崩解、溶出度也有直接影响。用于测定片剂硬度和脆碎度的仪器有硬度计、片剂四用测定仪、脆碎仪等。

4. 崩解时限

崩解时限系指固体制剂在检查时限内全部崩解溶散或成碎粒，除不溶性包衣材料或破碎的胶囊壳外，全部通过直径为 2.0 mm 的筛网的时间。普通片剂崩解时限照崩解时限检查法（通则 0921）进行检查，应符合规定。阴道片照融变时限检查法（通则 0922）检查，应符合规定。咀嚼片不进行崩解时限检查。凡规定检查溶出度、释放度的片剂，一般不再进行崩解时限检查。

5. 微生物限度

片剂的微生物限度，照非无菌产品微生物限度检查：微生物计数法（通则 1105）和控制菌检查法（通则 1106）及非无菌药品微生物限度标准（通则 1107）检查，应符合规定。规定检查杂菌的生物制品片剂，可不进行微生物限度检查。

6. 溶出度或释放度

溶出度系指活性药物从片剂、胶囊剂或颗粒剂等普通制剂在规定条件下溶出的速率

和程度。释放度系指活性药物从缓释制剂、控释制剂、肠溶制剂及透皮贴剂等制剂在规定条件下释放的速率和程度。根据原料药物和制剂的特性,除来源于动、植物多组分且难以建立测定方法的片剂外,溶出度、释放度、含量均匀度等应符合要求。缓释片、控释片、迟释片应符合缓释制剂的有关要求(指导原则9013)并应进行释放度(通则0931)检查。

 任务实施

一、重量差异检查

1. 检查前准备

重量差异检查前准备见表6-6。

表6-6　重量差异检查前准备

序号	步骤	操作要点	示意图
1	着装	根据生产区域或检测室环境要求,规范着装	着装
2	更换标识	更换房间状态标识;更换设备状态标识为"运行"	设备状态卡 **运行** 设备状态标识
3	接收检查指令	查验请验单,核对待检样品的名称、数量、规格、请验部门等信息	请验单

2. 检查过程

重量差异检查操作见表6-7。

表6-7　重量差异检查操作

序号	步骤	操作要点	示意图
1	天平准备工作	① 开机前观察天平是否处于水平状态，水平仪气泡应在中央，否则需调整水平调节螺丝，使气泡位于水平仪中央 ② 在测定开始前机器先预热半小时，按"ON"键后，天平开始自检，当显示"0.0000 g"后，进入测定状态	 天平准备
2	空瓶称重去皮	将空称量瓶装到样品盘上，确认稳定后，按"TARE"键去皮	 空瓶称重去皮
3	测平均片重	取供试品 20 片，置此称量瓶中，精密称定，即为 20 片供试品的总重量，除以20，得平均片重($\overline{m}$)	 测平均片重
4	测每片重量	从已称定总重量的 20 片供试品中，依次用镊子取出 1 片，分别精密称定重量，得各片重量	 测每片重量
5	结果判断	按照片重差异限度，求出允许片重范围($\overline{m}\pm\overline{m}\times$ 重量差异限度)。每片重量均未超出允许片重范围；或超出重量差异限度的药片不多于 2 片，且均未超出限度 1 倍；均判为符合规定	<table><tr><td>平均片重或标示片重</td><td>重量差异限度</td></tr><tr><td>0.30 g以下</td><td>±7.5%</td></tr><tr><td>0.30 g及0.30 g以上</td><td>±5%</td></tr></table> 片重差异限度

3. 清场过程

重量差异检查岗位清场操作见表 6-8。

表 6-8 重量差异检查岗位清场操作

序号	步骤	操作要点	示意图
1	关闭天平	关闭天平，1 个月以上不使用时，应拔掉电源	关闭天平
2	清洁	清洁称量容器；清除天平表面残留药品；清洁天平所在工作台面。目检清洁后的电子天平表面，应无任何污渍、纤维、色斑、残余物料等。若目检不符合要求，须重新清洁	○ 清洁状态卡 已清洁 清洁日期： 年 月 日 时 有效期至： 年 月 日 时 "已清洁"状态标识
3	更换标识	① 更换设备状态标识为"待运行" ② 更换房间状态标识为"已清洁"	

二、硬度检查

1. 检查前准备

硬度检查前准备同重量差异检查前准备，见表 6-6。

2. 检查过程

本书以 YPD-200C 型片剂硬度测定仪为例，硬度检查操作见表 6-9。

表 6-9 硬度检查操作

序号	步骤	操作要点	示意图
1	硬度仪准备	开启电源，显示开机画面，进入待机状态。必须预热 10 min，方可进入测试	硬度仪

序号	步骤	操作要点	示意图
2	测定	① 准备供试品 8 片,用镊子取出 1 片,放入两压头之间,按下"确认"键,压片后压头主动回退,屏幕显示当前硬度值,记录,用毛刷刷去压头间碎片 ② 用镊子将第 2 片放在两压头之间,按下"确认"键,仪器又处于测量状态,往复操作,依次完成 8 片供试品的测定	硬度测定
3	结果判断	平均硬度≥20 N,每片硬度≥10 N,判为符合规定。若 1 次不符合规定,可复检 1 次,复检要求同前	硬度检测记录

3. 清场过程

硬度检查岗位清场操作见表 6-10。

表 6-10　硬度检查岗位清场操作

序号	步骤	操作要点	示意图
1	关闭电源	测定结束后,长按仪器右上角电源开关,关闭电源	硬度仪关闭
2	清洁	打开压片室盖,取出碎片收集盒,将药片碎片倒入废物处理容器中,用刷子刷净压片室内残存的粉末,再用清洁抹布将仪器擦拭干净。洗净碎片收集盒,用干抹布擦拭干净。用以纯化水浸湿的洁净抹布反复擦拭仪器外壳至干净。用洁净抹布反复擦拭工作台面及仪表部位至干净。若设备有油污污染,需先用洗涤剂浸湿抹布擦拭去污后,再用以纯化水浸湿的洁净抹布擦拭设备外壳、工作台面及仪表部位至干净,自然晾干。清洁器具使用后清洗干净,存放在清洁间工具架上通风,自然风干	硬度仪清洁

续表

序号	步骤	操作要点	示意图
3	清洁评价	用清洁的白布擦抹,无不洁痕迹	
4	更换标识	① 更换设备状态标识为"已清洁" ② 更换房间状态标识为"已清场"	○ **清洁状态卡** **已清洁** 清洁日期:　年　月　日　时 有效期至:　年　月　日　时 "已清洁"状态标识

三、崩解时限检查

1. 检查前准备

崩解时限检查前准备同重量差异检查前准备,见表6-6。

2. 检查过程

本书以 LB-2D 崩解时限测定仪为例,崩解时限检查操作见表6-11。

表6-11　崩解时限检查操作

序号	步骤	操作要点	示意图
1	开机	连接电源,打开电源开关后主机屏幕亮起,进入开机状态	崩解时限测定仪 LB-2D 中文进入　　EN Entry 崩解时限测定仪开机
2	设置参数	"◆":开启升降,默认升降频率为31次/分(设置范围为30~32次/分) "加热":开启加热,水浴温度默认为37℃(设置范围为20~45℃) "运行":开启计时 "方案设置":设置试验方案 "任务进度":试验运行的进度提示	15:00:02 31次/分　温度 37℃　任务进度:0/0　0% ① 5 分钟 ② 15 分钟 ③ 20 分钟 ④ 25 分钟 ⑤ 30 分钟 ▶▶下一页　方案设置 加热　运行 崩解时限检查参数设置

序号	步骤	操作要点	示意图
3	测定	设置试验方案,水箱注水到水位线,向烧杯中加入 900 ml 纯化水,开启"加热"。等待水浴温度到达设置温度并且呈恒温状态,将药品分置吊篮的玻璃管中,将吊篮挂在崩解吊臂上,浸入烧杯中。启动"◆"键、"运行"键,开始试验	测定
4	结果判定	待运行结束,玻璃管内筛网上没有残留大于筛网孔径的颗粒为崩解完全。若有 1 片不能完全崩解,应另取 6 片复试,每片均崩解完全,判为符合规定。复试若有 1 片不能完全崩解,判为不符合规定	崩解时限检查结果判定

3. 清场过程

崩解时限检查岗位清场操作见表 6–12。

表 6-12　崩解时限检查岗位清场操作

序号	步骤	操作要点	示意图
1	关闭电源	测定结束后,关闭仪器背面电源开关	崩解时限测定仪关机
2	清洁	取下吊篮,取出烧杯及水浴箱,将用过的溶液倒入废液容器中,再用清洁剂将仪器清洗干净。清洗干净的吊篮、烧杯、水浴箱用纯化水冲洗 2~3 次,用干抹布擦拭干净。用以纯化水浸湿的洁净抹布反复擦拭仪器外壳至干净。用洁净抹布反复擦拭工作台面及仪表部位至干净。若清洗水箱,先将水箱与机箱连接头、座分离,用双手端取水箱,以防水箱曲裂损坏。清洗完毕再将插头插入与箱体连接的插座上并放正水箱即可	清洁设备
3	清洁评价	用清洁的白布擦抹,无不洁痕迹	

续表

序号	步骤	操作要点	示意图
4	更换标识	①更换设备状态标识为"已清洁" ②更换房间状态标识为"已清场"	○ **清洁状态卡** **已清洁** 清洁日期：　年　月　日　时 有效期至：　年　月　日　时 "已清洁"状态标识

四、脆碎度检查

1. 检查前准备

脆碎度检查前准备同重量差异检查前准备,见表6-6。

2. 检查过程

本书以 CJY-300E 片剂脆碎度测定仪为例,脆碎度检查操作见表6-13。

表6-13　脆碎度检查操作

序号	步骤	操作要点	示意图
1	仪器准备	打开电源,设置转速,设置运行圈数,设置旋转方向	脆碎度检查仪器准备
2	测定	片重≤0.65 g者,取若干片,总重约为 6.5 g;片重>0.65 g者,取 10 片,用吹风机吹去脱落的粉末,精密称重,放置于轮鼓中,盖上轮鼓盖,套上转轴,拧紧螺母,按"启动"键开始试验,转动 100 次。试验完成,拧松螺母,取下轮鼓,打开轮鼓盖,取出药物,检查试验结果	脆碎度检查测定 1 脆碎度检查测定 2

续表

序号	步骤	操作要点	示意图
2	测定		脆碎度检查测定 3
3	结果判断	用吹风机吹尽片剂表面粉末后,精密称重量,减失重量不得超过 1%,且不能检出断裂、龟裂及粉碎的药片。如减失的重量超过 1%,复检 2 次,3 次的平均减失重量不得超过 1%	脆碎度检查结果判断

3. 清场过程

脆碎度检查岗位清场操作见表 6−14。

表 6−14　脆碎度检查岗位清场操作

序号	步骤	操作要点	示意图
1	关闭电源	测定结束后,关闭仪器背面电源开关	关闭电源

续表

序号	步骤	操作要点	示意图
2	清洁	取下左右轮鼓,拧松螺母,取下轮鼓盖,用刷子刷净左右轮鼓内残存的粉末,再用洁净抹布将仪器擦拭干净。清洗干净左右轮鼓,用干抹布擦拭干净。用以纯化水浸湿的洁净抹布反复擦拭仪器外壳至干净。用洁净抹布反复擦拭工作台面及仪表部位至干净。将左右轮鼓与机箱连接头、座分离,用双手拿取轮鼓,以防轮鼓曲裂损坏。清洗完毕再将插头插入与箱体连接的插座上并放正轮鼓,拧紧螺母即可。若本设备有油污污染,需先用洗涤剂浸湿抹布擦拭去污后,再用以纯化水浸湿的洁净抹布擦拭设备外壳、工作台面及仪表部位至干净,自然晾干	 清洁设备
3	清洁评价	用清洁的白布擦抹,无不洁痕迹	
4	更换标识	① 更换设备状态标识为"已清洁" ② 更换房间状态标识为"已清场"	○ **清洁状态卡** # 已清洁 清洁日期:　年　月　日　时 有效期至:　年　月　日　时 "已清洁"状态标识

五、微生物限度检查

1. 检查前准备

微生物限度检查前准备见表 6–15。

表 6–15　微生物限度检查前准备

序号	步骤	操作要点	示意图
1	着装	根据生产区域或检测室环境要求,规范着装。微生物限度检查应在环境洁净度为 D 级背景下的局部洁净度在 B 级的单向流动空气区域内进行,检验全过程必须严格遵守无菌操作,防止再污染。阳性菌的操作应在符合要求的独立环境中进行,以免污染环境和操作人员	微生物限度检查着装

续表

序号	步骤	操作要点	示意图
2	更换标识	更换设备状态标识为"运行"	○ 设备状态卡 运行 "运行"状态标识
3	接收检查指令	查验请验单,核对待检样品的名称、数量、规格、请验部门等信息	请验单

2. 检查过程

（1）微生物计数检查　微生物计数检查操作见表6-16。

表6-16　微生物计数检查操作

序号	步骤	操作要点	示意图
1	试验准备	培养基、菌液制备及方法适用性检查	产品编号:HB4114-4　GB 标准 胰酪胨大豆肉汤 Soybean-Casein Digest Broth 用途:用于金黄色葡萄球菌的选择性增菌培养。 ※请放置室温、避光和干燥处保存 微生物计数检查肉汤 产品编号:HBKP0253-81　颗粒 沙氏葡萄糖琼脂培养基 Sabouraud Dextrose Agar Medium 用途:用于真菌的培养。 ※请放置室温保存 微生物计数检查培养基

续表

序号	步骤	操作要点	示意图
2	超净工作台准备	① 至少提前 30 min 打开超净工作台的紫外灯照射消毒,处理净化工作区内工作台表面积累的微生物 ② 30 min 后,关闭紫外灯,开启送风机,开始操作 ③ 使用以清洁液浸湿的纱布擦拭台面,然后用消毒剂擦拭消毒	超净工作台准备
3	供试液制备	称取 10 g 碳酸氢钠片(至少开启 2 个独立包装单位),置 100 ml pH 7.0 的无菌氯化钠-蛋白胨缓冲溶液中,溶解,混匀,即成 1∶10 的供试液	注意事项:取样勺不要碰到瓶子的外表面,手套不要接触到检验样品。 供试液制备
4	供试液稀释	用 1 ml 灭菌刻度吸管吸取 1∶10 均匀供试液 1 ml,加入已装有 9 ml 灭菌稀释剂的试管中,混匀即成 1∶100 的供试液(如需要继续稀释,以此类推)	供试液稀释
5	注平皿和阴性对照	① 吸取 1∶10 供试液 1 ml 至直径为 90 mm 的灭菌平皿中,每一稀释级、每种培养基至少注 2 个平皿,注平皿时将 1 ml 供试液慢慢全部注入平皿中,管内无残留液体,防止反流到吸管尖端部。更换刻度吸管,取 1∶100 供试液依法操作,一般取适宜的连续 2 个稀释级的供试液 ② 用吸管吸取稀释剂 1 ml,分别注入 4 个平皿中。其中 2 个作为需氧菌阴性对照;另 2 个作为霉菌和酵母菌阴性对照	注平皿

序号	步骤	操作要点	示意图
6	倒培养基	取出冷至约 45 ℃的胰酪大豆胨琼脂培养基和沙氏葡萄糖琼脂培养基,每个平皿倾注 15~20 ml,以顺时针或逆时针方向快速旋转平皿,使供试液或稀释液与培养基混匀,置操作台上待冷凝	 倒培养基
7	培养	将已经凝固的平皿倒置,胰酪大豆胨琼脂培养基放入 30~35 ℃培养箱中培养 3~5 天,沙氏葡萄糖琼脂培养基放入 20~25 ℃培养箱中培养 5~7 天	培养
8	观察	观察菌落生长情况,点计平皿上生长的所有菌落数。菌落蔓延生长成片的平皿不宜计数	观察菌落
9	计算和结果判定	① 点计菌落数后,计算各稀释级供试液的平均菌落数,按菌数报告规则报告菌数 ② 若同稀释级两个平皿的菌落数平均值不小于 15,则两个平皿的菌落数不能相差 1 倍或以上。需氧菌总数测定宜选取平均菌落数小于 300 cfu 的稀释级,霉菌和酵母菌总数测定宜选取平均菌落数小于 100 cfu 的稀释级,作为菌数报告的依据。取最高的平均菌落数,计算 1 g 供试品中所含的微生物数,取 4 位有效数字报告。如各稀释级的平皿均无菌落生长,或仅最低稀释级的平皿有菌落生长,但平均菌落数小于 1,则以 <1 乘以最低稀释倍数的值报告菌数 ③ 需氧菌总数、霉菌和酵母菌总数不超过规定的限度	（见下表及结果判定）

给药途径	需氧菌总数 /(cfu·g⁻¹)	霉菌和酵母菌总数 /(cfu·g⁻¹)	控制菌
口服固体制剂	10^3	10^2	不得检出大肠埃希菌(1 g或1 ml);含脏器提取物的制剂还不得检出沙门菌 (10 g或10 ml)

结果判定
(10^1 cfu 表示可接受的最大菌数为 20;
10^2 cfu 表示可接受的最大菌数为 200;
10^3 cfu 表示可接受的最大菌数为 2 000,
以此类推)

(2) 控制菌检查(大肠埃希菌的检查)　控制菌检查操作见表 6-17。

表 6-17　控制菌检查操作

序号	步骤	操作要点	示意图
1	试验准备	培养基、菌液制备及方法适用性检查	控制菌检查试验准备
2	超净工作台准备	① 至少提前 30 min 打开超净工作台的紫外灯照射消毒,处理净化工作区内工作台表面积累的微生物 ② 30 min 后,关闭紫外灯,开启送风机,开始操作 ③ 使用以清洁液浸湿的纱布擦拭台面,然后用消毒剂擦拭消毒	超净工作台准备
3	供试液制备	称取 10 g 碳酸氢钠片(至少开启 2 个独立包装单位),置 100 ml pH 7.0 的无菌氯化钠-蛋白胨缓冲溶液中,溶解,混匀,即成 1∶10 的供试液	注意事项: 取样勺不要碰到瓶子的外表面,手套不要接触到检验样品。 供试液制备
4	增菌培养	取 1∶10 的供试液 10 ml,接种至 90 ml 的胰酪大豆胨液体培养基中做增菌培养,混匀,在 30~35 ℃培养 18~24 h	增菌培养
5	分离培养	取上述预培养物 1 ml 接种至 100 ml 麦康凯液体培养基中,在 42~44 ℃培养 24~48 h。取麦康凯液体培养物划线接种于麦康凯琼脂培养基平板上,在 30~35 ℃培养 18~72 h	分离培养

续表

序号	步骤	操作要点	示意图
6	阴性对照	取 10 ml pH 7.0 的无菌氯化钠–蛋白胨缓冲溶液,注入 90 ml 的胰酪大豆胨液体培养基中,混匀,作为阴性对照,在 30~35 ℃培养 18~24 h。阴性对照试验的结果应无菌生长	阴性对照
7	阳性对照	取 1∶10 的供试液 10 ml,接种至 90 ml 的胰酪大豆胨液体培养基中,混匀,移入阳性接种间,加入不大于 100 cfu 的阳性对照菌,作为阳性对照。阳性对照试验应呈阳性	阳性对照
8	结果判断	如麦康凯琼脂平板上有菌落生长,应进行分离、纯化及适宜的鉴定试验,确证是否为大肠埃希菌;若麦康凯琼脂培养基平板上没有菌落生长,或有菌落生长但鉴定结果为阴性,判供试品未检出大肠埃希菌	结果判断

3. 清场过程

微生物计数检查岗位清场操作见表 6-18。

表 6-18 微生物计数检查岗位清场操作

序号	步骤	操作要点	示意图
1	清洁	① 先用毛刷刷去洁净工作区的杂物和浮尘,再用洁净抹布擦拭工作台表面污迹、污垢,目测无清洁剂残留后,用洁净抹布擦干 ② 用纱布浸 75% 乙醇将紫外灯表面擦干净,保持表面清洁,否则会影响杀菌能力。清洁后,设备内、外表面应光亮整洁,没有污迹	工作台清洁和消毒

续表

序号	步骤	操作要点	示意图
1	清洁	③ 打开超净工作台的紫外灯照射消毒不少于 30 min,处理工作台表面积累的微生物。30 min 后,关闭紫外灯,开启送风机,结束操作	
2	清洁评价	应进行 GMP 环境监测。悬浮粒子、沉降菌、浮游菌等符合相应洁净度等级要求	清洁评价
3	更换标识	① 更换设备状态标识为"已清洁" ② 更换房间状态标识为"已清场"	**清洁状态卡** **已清洁** 清洁日期: 年 月 日 时 有效期至: 年 月 日 时 "已清洁"状态标识

六、 质检岗位检查记录填写

1. 填写要求

质检岗位记录由岗位操作人员填写,由岗位负责人或有关规定人员复核签字。填写内容应真实,字迹工整、清晰,不允许用铅笔填写,且要求用笔颜色保持一致。批生产记录不能随意更改或销毁,若确实因填错需更改,务必在更改处画一横线后,将正确内容填写在旁边,并签字标明日期。

考核时为确保考评公平公正,原则上不允许岗位操作人员填写真实姓名,应填写准考证号或考试代号等。

2. 记录样例

(1) 重量差异检测记录样例 见表6-19。

表6-19 重量差异检测记录样例

产品名称	碳酸氢钠片	规格		产品批号	
操作间名称/编号		质检室	生产批量		片

操作要点:

1. 用圆头镊子取20片药片,置于天平上(精密度≥千分之一)测定总片重,计算平均片重,同时测定每片重量,计算重量差异=$\dfrac{\text{每片重量}-20\text{片平均片重}}{20\text{片平均片重}}\times100\%$,记录结果

2. 正确判定结果

3. 测定结束,清洁设备与台面

4. 检测过程中清扫的粉尘、废弃物等及时收集至指定容器或袋中

检测记录										
检测时间	[　]年[　]月[　]日[　]时[　]分——[　]时[　]分									
房间温度	18~26 ℃	□合格 □不合格		房间湿度	45%~65%			□合格 □不合格		
项目	质量标准 ±7.5%								检测结果	
重量差异 (标示量 92.5%~ 107.5%)	1	2	3	4	5	6	7	8	9	10
									□合格 □不合格	
	11	12	13	14	15	16	17	18	19	20
	平均片重:　　　g				重量差异:　　　%					
操作人				复核人						

（2）硬度检测记录样例　见表 6-20。

表 6-20　硬度检测记录样例

产品名称	碳酸氢钠片	规格		产品批号	
操作间 名称/编号		质检室		生产批量	片

操作要点：

1. 取 × 片药片（不少于 6 片），将其平放入两压头之间，按要求测定片剂硬度，记录结果
2. 正确判定结果
3. 测定结束，清洁设备与台面
4. 检测过程中清扫的粉尘、废弃物等及时收集至指定容器或袋中

检测记录						
检测时间	[　　]年[　　]月[　　]日[　　]时[　　]分——[　　]时[　　]分					
操作记录	房间温度	18~26 ℃	□合格 □不合格	房间湿度	45%~65%	□合格 □不合格
	项目	质量标准：平均硬度≥8 N，每片硬度≥10 N				检测结果
	硬度	1	2	3	4	□合格 □不合格
		5	6	平均硬度		
操作人			复核人			

（3）脆碎度检测记录样例　见表 6-21。

表 6-21　脆碎度检测记录样例

产品名称	碳酸氢钠片	规格		产品批号	
操作间名称/编号		质检室		生产批量	片

操作要点：

1. 取若干片，用吹风机吹去片剂脱落的粉末，精密称重，置轮鼓中，转动 100 次。取出，同法除去

粉末，精密称重，计算减失重量，脆碎度 $= \dfrac{检测前的重量 - 检测后的重量}{检测前的重量} \times 100\%$，记录结果

2. 正确判定结果
3. 测定结束，清洁设备与台面
4. 检测过程中清扫的粉尘、废弃物等及时收集至指定容器或袋中

检测记录						
检测时间	[　　]年[　　]月[　　]日[　　]班[　　]时[　　]分——[　　]时[　　]分					

操作记录	房间温度	18~26 ℃	□ 合格 □ 不合格	房间湿度	45%~65%	□ 合格 □ 不合格
	项目	质量标准				检测结果
	脆碎度	≤1%	检测时间	检测前	检测后	脆碎度	□ 合格 □ 不合格

操作记录	房间温度	18~26 ℃	□ 合格 □ 不合格	房间湿度	45%~65%	□ 合格 □ 不合格
	项目	质量标准				检测结果
			检测时间	检测前	检测后	脆碎度	
脆碎度 ≤1%		时　分	g	g	%	□ 合格 □ 不合格
		复试第1次时间	检测前	检测后	脆碎度	□ 合格 □ 不合格
		时　分	g	g	%	
		复试第2次时间	检测前	检测后	脆碎度	□ 合格 □ 不合格
		时　分	g	g	%	

结果判定	□ 合格　□ 不合格
操作人	复核人

注:有复试时才填写复试结果

（4）崩解时限检测记录样例　见表6-22。

表6-22　崩解时限检测记录样例

产品名称	碳酸氢钠片	规格		产品批号	
操作间名称/编号	质检室		生产批量		片

操作要点:

1. 取供试品6片,置崩解仪中,各片均应在15 min内全部崩解。如有1片不能完全崩解,应另取6片复试,均应符合规定,记录结果

2. 正确判定结果

3. 测定结束,清洁设备与台面

4. 检测过程中清扫的粉尘、废弃物等及时收集至指定容器或袋中

检测记录						
检测时间	[　]年[　]月[　]日[　]班[　]时[　]分——[　]时[　]分					
操作记录	房间温度	18~26 ℃	□ 合格 □ 不合格	房间湿度	45%~65%	□ 合格 □ 不合格
	项目	质量标准				检测结果
	崩解时限	≤15min	全部崩解时间			□ 合格 □ 不合格
		复试:全部崩解时间		（有复试才填写）		
操作人				复核人		

（5）微生物限度检查记录样例　见表 6-23。

表 6-23　微生物限度检查记录样例

品名：_____　批号：_____　规格：_____

检测日期：_____　检定依据：《中国药典》（2020 年版）

检测环境：温度_____　湿度_____

供试液制备方法：取供试品_____g，加 pH 7.0 的无菌氯化钠–蛋白胨缓冲溶液至_____ml，充分振摇使混匀，作为 1∶10 的供试液。

一、需氧菌、霉菌及酵母菌总数检查

培养基种类、温度：

胰酪大豆胨琼脂培养基（Ⅰ批号：_____）：培养需氧菌，温度为 30~35 ℃

沙氏葡萄糖琼脂培养基（Ⅱ批号：_____）：培养霉菌和酵母菌，温度为 20~25 ℃

样品处理：取均匀供试液，用 pH 7.0 的无菌氯化钠–蛋白胨缓冲溶液进一步稀释至 1∶10、1∶100、1∶1 000 的稀释级，分别取_____ml 于培养基（Ⅰ、Ⅱ）中培养

观察结果：

检测项	编号 / 项目	稀释倍数				结果/（个·g⁻¹）
		阴性	1∶10	1∶100	1∶1 000	
需氧菌	1# 平皿					
	2# 平皿					
	平均菌落数					
霉菌酵母菌	1# 平皿					
	2# 平皿					
	平均菌落数					

二、大肠埃希菌检查

培养基种类、温度：

胰酪大豆胨液体培养基（Ⅰ批号：_____）：增菌培养，温度为 30~35 ℃

麦康凯液体培养基（Ⅱ批号：_____）：检查，温度为 42~44 ℃

麦康凯琼脂培养基（Ⅲ批号：_____）：检查，温度为 30~35 ℃

观察结果：

项目	试验组	供试品对照组	阳性对照组	阴性对照组
菌落				
结果	□ 未检出　　□ 检出：___个/g			

结论：　□ 符合规定　　　□ 不符合规定

检验人：_____　　　复核人：_____

任务考核

一、考核要求

在线测试：
质量检查
操作（碳酸
氢钠片）

1. 在线测试（5 min）

请扫描二维码完成在线测试。

2. 实践考核（40 min）

以角色扮演法进行分组考核，要求在规定时间内完成碳酸氢钠片 4 项质量检查操作（重量差异、硬度、脆碎度和崩解时限），并填写批检验记录。

（1）分组要求　每组 2 人，1 人扮演考评员，1 人扮演岗位操作人员。

（2）场景设置　质检室或生产设备旁边的在线质量检验台。

（3）其他要求　考核过程中应按照操作要点规范操作，及时如实填写检验记录等。

二、评分标准

质量检查评分标准见表 6-24。

表 6-24　质量检查评分标准

序号	项目	分值/分	考试内容	分值/分	评分要点	考生得分	备注
1	重量差异检查	25	检查前准备	4	① 更换房间状态标识（2 分） ② 更换设备状态标识（2 分）		
			检测	10	① 空称量瓶称量正确（2 分） ② 取样量正确（4 分） ③ 依次用圆头或平头镊子取出 1 片，置称量瓶中，分别精密称定，如实记录各片重量（取样方法正确 2 分，称量正确 2 分）		
			清场	6	① 关闭电源，清洗称量瓶（2 分） ② 正确选用抹布并正确清洁仪器与操作台面（2 分） ③ 正确更换标识（2 分）		
			记录	5	① 及时如实填写记录（2 分） ② 按各片允许重量差异限度，求出允许片重范围（标示量 ± 标示量 × 重量差异限度）（计算正确 2 分） ③ 能对结果进行正确判定（1 分）		
2	硬度检查	25	生产前准备	4	① 更换房间状态标识（2 分） ② 更换设备状态标识（2 分）		

序号	项目	分值/分	考试内容	分值/分	评分要点	考生得分	备注
2	硬度检查	25	检测	10	① 取样量符合要求(2分) ② 正确设置设备参数(2分) ③ 打开保护盖,径向放入一片药片,关闭保护盖,进行测量(4分) ④ 正确清洁破碎颗粒(2分) ⑤ 操作过程有任一片错误,未径向放入扣0.5分,未关闭盖子扣0.5分,未正确按键扣0.5分,未及时清洁碎颗粒扣0.5分,扣完为止		
			清场	6	① 关闭电源、清除渣盒中的碎粉,收集入废弃物袋中(3分) ② 用抹布清洁仪器表面与操作台面(3分)		
			记录	5	① 及时如实填写记录(2分) ② 能对结果进行正确判定(3分)		
3	脆碎度检查	25	生产前准备	4	① 更换房间状态标识(2分) ② 更换设备状态标识(2分)		
			检测	10	① 取样符合规定要求(2分) ② 称量前后用吹风机吹去粉末(2分) ③ 实验参数设置与设备使用正确(4分) ④ 检测过程称量无误(2分),称量中每出现1次操作错误扣0.5分,直至该项扣完		
			清场	6	① 清洁天平残留物、天平外罩(3分) ② 清洁轮鼓、脆碎度测定仪外表面、操作台面(3分)		
			记录	5	① 及时如实填写记录(1分) ② 正确计算(2分) ③ 能对结果进行正确判定(2分)		
4	崩解时限检查	25	生产前准备	4	① 更换房间状态标识(2分) ② 更换设备状态标识(2分)		

序号	项目	分值/分	考试内容	分值/分	评分要点	考生得分	备注
4	崩解时限检查	25	检测	10	① 取样数量正确(3分) ② 将药片投入吊篮,浸入烧杯中(3分) ③ 正确设置设备参数进行检测(4分) ④ 若存在复试,复试操作不正确扣1分		
			清场	6	① 关闭电源,清洗烧杯(2分) ② 用抹布清洁仪器与操作台面(2分) ③ 正确更换标识(2分)		
			记录	5	① 如实填写记录(2分) ② 能对结果进行正确判定(3分)		
			岗位评分				

模块三 硫酸锌口服溶液的生产

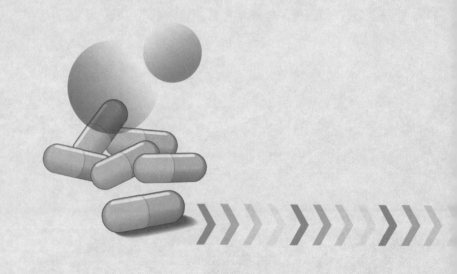

项目 7
硫酸锌口服溶液制备工艺

>>>> **项目描述**

　　口服液体制剂包括口服溶液剂、口服混悬剂、口服乳剂及合剂。口服溶液剂系将原料药物及其辅料溶解于适宜溶剂中制成的供口服的澄清液体制剂。该类制剂能浸出原材料中的多种有效成分;吸收快,显效迅速;能大批量生产,免去临用煎药的麻烦,应用方便;服用量小,便于携带、保存和服用;在液体中加入了矫味剂,口感好,易为人们所接受;成品经灭菌处理,密封包装,质量稳定,不易变质。

　　本项目以硫酸锌口服溶液生产为例,采用浓配法,阐述生产工艺流程,结合实际介绍生产过程的关键控制点,为后续详细介绍岗位操作奠定基础,使学员清晰明确生产中的关键工序和注意事项。

>>>> **学习目标**

● **知识目标**
1. 掌握硫酸锌口服溶液制备方法的适用范围。
2. 掌握硫酸锌口服溶液的生产工艺流程。
3. 掌握硫酸锌口服溶液生产过程的关键控制点。

● **能力目标**
1. 能明晰硫酸锌口服溶液生产工艺流程。
2. 能明晰硫酸锌口服溶液生产过程中关键监控项目的标准要求。

● **素养目标**
1. 培养坚定自主研发和精益求精的工匠精神。
2. 树立质量控制意识,提升社会责任感。

知识导图:
硫酸锌口服
溶液制备
工艺

>>>> **知识导图**

　　请扫描二维码了解本项目主要内容。

PPT:
工艺规程
学习(硫酸
锌口服溶液)

授课视频:
工艺规程
学习(硫酸
锌口服溶液)

任务 7.1 工艺规程学习

 知识准备

一、产品概述与工作任务

1. 产品概述

硫酸锌口服溶液是将硫酸锌及辅料溶解于水中制成的澄清透明的均相液体制剂。根据《中国药典》(2020年版)的要求,硫酸锌应为标示量的90.0%~110.0%;硫酸锌口服溶液为无色或淡黄绿色液体,味香甜,略涩。临床上主要用于锌缺乏引起的食欲缺乏、异食癖、贫血、生长发育迟缓的治疗,也可用于痤疮、结膜炎、口疮的治疗。

2. 工作任务

为确保生产任务有效推进与实施,制药企业相关部门应起草撰写生产指令(包括批生产指令和批包装指令)。通常,生产调度员根据生产计划编制生产指令,工艺员根据生产指令出具工艺卡,生产计划调度主管复核无误后,车间内勤发放空白生产记录并装订成册,装订好的批生产记录随生产指令由车间主任审核无误后下发至各岗位进行生产。

(1)批生产指令 批生产指令的内容一般包括生产指令编号、产品名称、批号、规格、生产批量、起草人、起草日期、审核人、审核日期、批准人、批准日期、物料代码及用量、作业时间及期限和特殊说明等。以硫酸锌口服溶液为例,其批生产指令见表7-1。

表7-1 硫酸锌口服溶液批生产指令

产品名称	硫酸锌口服溶液		规格		100 ml:0.2 g	
批号	20210923		指令编号		××××	
生产批量	1 000 L					
工艺规程及编号	硫酸锌口服溶液工艺规程;编号:××××					
起草人	李四		起草日期		2021 年 9 月 17 日	
审核人	张五		审核日期		2021 年 9 月 18 日	
颁布部门	生产部					
批准人	王七	批准日期	2021 年 9 月 19 日	生效日期	2021 年 9 月 20 日	
指令接收部门	液体制剂生产车间、质量部、物料供应部	接收人	何一	接收日期	2021 年 9 月 21 日	

续表

作业时间及期限	2021 年 9 月 23 日—2021 年 9 月 24 日				
所需物料清单	名称	物料代码	用量	理论量加限额量	生产厂家
	硫酸锌	××××	2 000.0 g	2 010.0 g	××× 药业有限公司
	枸橼酸	××××	500.0 g	502.5 g	××× 药用辅料有限公司
	单糖浆	××××	200 000 ml	201 000 ml	××× 药用辅料有限公司
	5% 羟苯乙酯溶液	××××	5 000 ml	10 200 ml	××× 药用辅料有限公司
备注					

备注:本指令一式三份,生产车间一份,质量部一份,物料供应部一份。

(2) 批包装指令　批包装指令内容一般包括包装指令编号、产品名称、批号、批量、规格、包装规格、计划包装数量、工艺规程及编号、包装材料名称及用量、起草人、起草日期、审核人、审核日期、批准人、批准日期、指令接收人和接收日期等。以硫酸锌口服溶液为例,其批包装指令见表 7-2。

表 7-2　硫酸锌口服溶液批包装指令

产品名称	硫酸锌口服溶液		规格		100 ml:0.2g
批号	20210923		指令编号		××××
批量	1 000L				
包装规格	10ml/ 瓶 ×10 瓶 / 盒 ×20 盒 / 中包(盒)×15 中包 / 箱				
计划包装数量	1 000 瓶 /1 000 盒 /50 中包(盒)/4 箱				
包装日期	2021 年 9 月 24 日				
工艺规程及编号	硫酸锌口服溶液工艺规程;编号:××××				
起草人	李四		起草日期		2021 年 9 月 17 日
审核人	张五		审核日期		2021 年 9 月 18 日
批准人	生产部	批准日期	2021 年 9 月 19 日	生效日期	2021 年 9 月 20 日

续表

指令接收部门	液体制剂生产车间、质量部、物料供应部		接收人	何一	接收日期	2021 年 9 月 20 日
所需包装材料清单	名称	物料代码	用量	厂家		
	玻璃瓶	×××	10 000 个	××× 药品包装材料有限公司		
	纸盒	×××	1 000 盒	××× 药品包装材料有限公司		
	中包(盒)	×××	50 中包(盒)	××× 药品包装材料有限公司		
	纸箱	×××	4 箱	××× 药品包装材料有限公司		
备注						

备注:本指令一式四份,生产部一份,物料供应部一份,内包装、外包装岗位各一份。

口服液体制剂生产的工作任务是由口服液体制剂生产人员按生产计划及生产指令的要求完成从配料到包装的各个工序。本项目重点讲解口服溶液剂生产的配液、过滤、洗瓶、灌封、灭菌等工序。

二、生产工艺流程

口服液的配液方式可分为浓配法和直接稀配法,并且因为所选内包装材料的不同(玻璃瓶或塑料瓶),故生产工艺流程略有不同。图 7-1 和图 7-2 分别为玻璃瓶口服液生产工艺流程、塑料瓶口服液生产工艺流程。实际生产中多采用浓配后稀释的方法(即浓配法)。

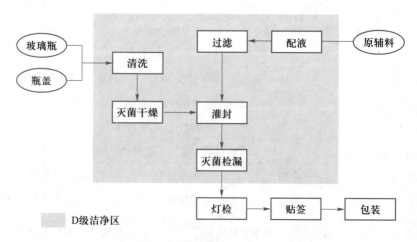

图 7-1 玻璃瓶口服液生产工艺流程

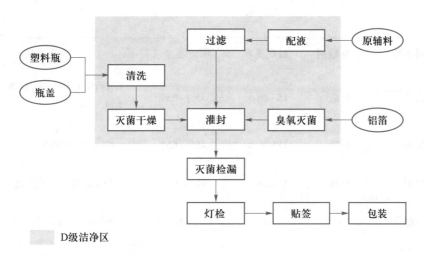

 D级洁净区

图7-2 塑料瓶口服液生产工艺流程

任务实施

▶▶▶ 硫酸锌口服溶液生产工艺流程学习

1. 处方分析

硫酸锌	2 000 g(主药)
枸橼酸	1 500 g(pH 调节剂)
单糖浆	200 000 ml(矫味剂)
5%的羟苯乙酯溶液	5 000 ml(防腐剂)
纯化水	加至 1 000 000 ml(溶剂)

由于硫酸锌在中性或碱性溶液中易水解,并生成氢氧化锌沉淀,故加入枸橼酸后调节溶液 pH 至酸性,可增加硫酸锌在液体中的稳定性。

2. 工艺流程

(1) 主要生产操作间和生产设备 见表7-3。

表7-3 主要生产操作间及生产设备

操作间名称	洁净级别	温度要求	相对湿度求	生产设备
配料称量室	D 级	18~26 ℃	45%~65%	电子天平
配液室	D 级	18~26 ℃	45%~65%	PZG30-50 L 浓稀配液罐组
洗瓶室	D 级	18~26 ℃	45%~65%	ZNHX-300 回转立式超声波洗瓶机

续表

操作间名称	洁净级别	温度要求	相对湿度求	生产设备
洗盖室	D 级	18~26 ℃	45%~65%	RYGS 型全自动口服液盖清洗机
干燥灭菌室	D 级	18~26 ℃	45%~65%	CT-1 隧道式热风循环烘箱
灌封室	D 级	18~26 ℃	45%~65%	DGZ4 型口服液灌轧一体机
灭菌检漏室	无	无	无	SG-1.2 水浴式检漏灭菌柜
灯检室	无	无	无	KDJ 型口服液灯检机
包装室	无	无	无	TNZ200 直线式贴标机 ZHJ-150 全自动装盒机 SW800-D 热式塑封包装机

(2) 生产流程　本产品采用浓配法生产,生产工艺流程如图 7-3 所示。

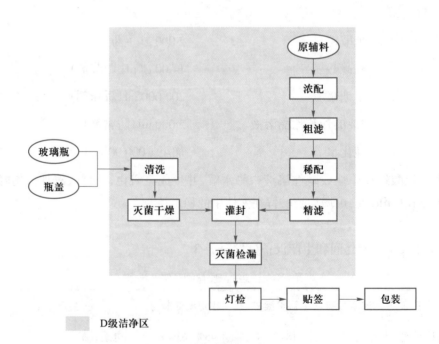

图 7-3　硫酸锌口服溶液生产工艺流程

知识总结

1. 硫酸锌口服溶液是无色或淡黄绿色液体,味香甜,略涩。硫酸锌含量应为标示量的 90.0%~110.0%。临床上主要用于锌缺乏引起的食欲缺乏、异食癖、贫血、生长发育迟缓的治疗,也可用于痤疮、结膜炎、口疮的治疗。

2. 口服液常用的配液方法有浓配法和稀配法。国内以浓配法较常用,稀配法则适用于品质较高的原料药。

3. 口服液的生产工艺流程主要包括配料、配液、灌封、灭菌检漏、灯检、贴签、包装等。

4. 以硫酸锌口服溶液为例,采用浓配法进行生产,工艺流程包括配料称量、配液过滤、洗瓶洗盖(灭菌烘干)、灌封、灭菌检漏、灯检、贴签、包装等主要操作过程。

 在线测试

请扫描二维码完成在线测试。

在线测试:
工艺规程
学习(硫酸
锌口服溶液)

任务 7.2　关键控制点掌握

 知识准备

PPT:
关键控制点
掌握(硫酸
锌口服溶液)

 **口服液生产过程关键控制点**

口服液生产流程中的配料、配液、过滤、灌封和包装等工序均是关键控制点,具体要求见表 7-4。

表 7-4　生产工序关键控制点

授课视频:
关键控制点
掌握(硫酸
锌口服溶液)

生产工序	质控对象	具体项目	检查频次
配料	称量、配料	品名、规格、批号、合格证	每批
配制	配液	数量、品种	每批
	过滤	滤材、药液澄清度、药液性状	每批
洗瓶、洗盖	洗瓶	外观、清洁度	每批
灌封	灌装	装量、速度、位置	随时
	压盖	速度、压力、严密度、外观	

生产工序	质控对象	具体项目	检查频次
灭菌	灭菌柜	标记、装量、排列层次、温度、时间、性状、微生物数	每柜
	灭菌前后中间产品	外观清洁度、标记、存放区	每批
包装	装盒	数量、说明书、标签	随时
	标签	内容、数量、使用记录	随时
	装箱	数量、装箱单、印刷内容	每箱

 任务实施

▶▶▶ **硫酸锌口服溶液生产过程关键控制点**

硫酸锌口服溶液生产过程中的关键控制点包括配料、配液、洗瓶、灌封等工序,具体要求见表 7–5。

表 7–5　硫酸锌口服溶液生产过程关键控制点

工序	质量控制点	监控项目	标准要求	检查频次
配料	称量、配料	品名、数量、合格证	品名、规格、批号、数量与领料单一致并有质量部门的检验合格单 核对领用量、称料量和结存量是否吻合 称量准确,双人复核	每批
配制	配液	工艺条件、浓配加液量、搅拌时长、附加剂加入顺序	药液 pH 为 2.5~4.5、药液含量为 90.0%~110.0%	每批
	过滤	药液、滤材	澄明度、滤材孔径	每批
洗瓶、洗盖	玻璃瓶、瓶盖	外观、瓶内、清洗水压	清洁度,循环水压为 0.2 MPa,压缩空气压为 0.3 MPa,纯化水压为 0.2 MPa	每批
	灭菌干燥	温度、时长	260 ℃、15 min	每批
灌封	灌装	装量	装量 10.1 ml ± 0.1 ml	随时
	压盖	外观	无破损、严密度、无歪盖	
灭菌检漏	灭菌柜	排列层次、外观	澄明	每柜
		温度、时长	105 ℃、30 min	
		检漏	检漏真空度为 –70 Pa	

续表

工序	质量控制点	监控项目	标准要求	检查频次
灭菌检漏	灭菌柜	微生物数	符合《中国药典》要求	每柜
		清洁	检漏后清洗时间为 20 min	
灭菌检漏	灭菌前后中间产品	外观	清洁度、澄明度、标记	每批
		存放	存放区	
		含量	90.0%~110.0%	
灯检	药液	澄明度	澄明	每批
		外观	无毛,无玻璃碎屑、杂质、异物	
包装	在包装品	装量、封口	每盒 10 瓶、封口严密	随时/班
	中包装	数量、说明书、封口签	清晰正确	随时/班
	标签、说明书	批号、内容、数量、使用记录	清晰正确、牢固	随时/班
	装箱	批号、数量、装箱单、印刷内容	数量准确,包装完好,箱面干净	随时/班

 知识总结

　　硫酸锌口服溶液中间产品质量控制点涉及浓配加液量、搅拌时长、附加剂加入顺序、滤材、灭菌温度和时长等监控项目,主要要求包括药液 pH 为 2.5~4.5、药液含量为 90.0%~110.0%,药液灭菌温度为 105 ℃、时长 30 min,检漏真空度为 −70 Pa,中间产品含量为 90.0%~110.0% 等。

 在线测试

　　请扫描二维码完成在线测试。

在线测试:
关键控制点
掌握(硫酸
锌口服溶液)

项目 8
硫酸锌口服溶液生产岗位操作

>>>> 项目描述

　　非最终灭菌的口服液一般在配液、过滤后，在 100 ℃条件下灭菌 30 min，然后在无菌条件下灌装；最终灭菌的口服液配液、过滤、灌封等操作的生产环境应符合 D 级洁净区洁净度要求。在实际生产过程中，应严格遵循 GMP 要求，规范生产岗位操作，监督一切生产行为按照生产管理文件执行，以确保药品质量。

　　本项目以硫酸锌口服溶液为例（最终灭菌口服液的制备），基于普通岗位操作人员身份，按照生产岗位顺序，介绍实际岗位生产、关键制药设备使用、岗位清场操作要点，使学员掌握口服溶液剂生产中人员净化、配液、过滤、灌封等岗位技能。

>>>> 学习目标

- **知识目标**
1. 掌握口服溶液剂生产关键岗位操作与制药设备使用方法。
2. 掌握口服溶液剂单元操作安全技术、安全防护要求。
3. 熟悉口服溶液剂关键设备维护、管理要求。
4. 了解清场有效期验证程序与要求。
- **能力目标**
1. 能进行一般生产区与 D 级洁净区更衣洗手操作。
2. 能进行口服溶液剂生产原辅料和中间产品领料、退料、交接等操作。
3. 能进行口服溶液剂生产前检查与准备、生产操作、岗位清场与批生产记录填写。
4. 能解决口服溶液剂生产中的常见问题。
- **素养目标**
1. 培养口服液的规范操作、安全生产和自我防护意识。
2. 强化口服液生产操作过程中的责任感和精益求精的工作态度。

知识导图：
硫酸锌口服
溶液生产岗
位操作

>>>> 知识导图

　　请扫描二维码了解本项目主要内容。

任务 8.1 配 液

PPT:
配液

知识准备

授课视频:
配液

▶▶▶ 岗位职责

配液岗位操作人员应严格按照配液岗位职责要求,在液体制剂车间口服液组班组长领导下,履行工作职能。

1. 生产准备

进岗前按规定着装,进岗后按工艺要求检查配液设备;根据生产指令,按规定程序从中间站领取物料。

2. 生产操作

严格按照口服液工艺规程和 SOP 进行配液。严格执行《配液过滤岗位操作法》《配液过滤系统标准操作规程》。药物制剂生产职业技能等级证书考核使用的是浓配法。本书以 PGZ30-50 L 配液罐为例讲述配液、过滤生产操作过程。

生产中认真核对所用物料的品名、规格、数量、质量等,确保本岗位不发生混药、错药。确保生产环境符合要求,避免污染和交叉污染。配液操作人员应在规定时间检查药液的质量,重点完成澄明度、含量检测,规范、及时填写生产记录。

按规定进行物料平衡计算(计算方法详见任务 3.2 相关内容),偏差必须符合规定限度,否则按偏差处理程序处理。

配液操作人员在配液过程中发现药液质量问题,必须及时报告工序负责人、工艺员。

3. 生产结束

按要求填写移交单据,完成配液过滤后中间产品的移交;余料按规定退至中间站。

工作结束或更换品种时,严格按本岗位清场 SOP 清场,经 QA 人员检查合格后,悬挂清场合格标识。

4. 其他要求

工作期间严禁脱岗、串岗,不做与岗位工作无关之事;经常检查设备运转情况,注意设备保养,操作时发现故障应及时上报。

任务实施

一、配液岗位操作

1. 生产前检查与准备

配液岗位生产前检查与准备操作要点见表 8-1。

表 8-1 配液岗位生产前检查与准备操作要点

序号	步骤	操作要点	示意图
1	接收批生产指令	① 接收批生产指令、配液批生产记录(空白)、中间产品交接单、中间产品标签(空白)等文件 ② 仔细阅读批生产指令,明了产品名称、规格(100 ml:0.2 g)、含量、批量、生产任务、注意事项等指令。 ③ 对照批生产指令检查和核对与房间标识卡上的产品名称、规格、批号等要求是否一致	生产相关文件
2	复核清场	① 检查生产场地是否有上一批生产遗留的液体、粉末等 ② 检查配液间门窗、墙壁、地面等是否干净,有无浮尘,是否光洁、明亮 ③ 检查配液间清场合格证和状态标识 ④ 检查设备是否已清洁,是否悬挂有绿色"已清洁"和"完好"、黄色"待运行"标识 ⑤ 检查是否遗留上一批次批生产记录等文件	环境检查 生产前确认房间状态标识
3	温湿度与压差检查	判定配液间温湿度、压差是否符合要求:温度 18~26 ℃,相对湿度 45%~65%,保持相对正压 5 Pa	生产前确认房间温湿度和压差

续表

序号	步骤	操作要点	示意图
4	物料与周转桶领取	① 工序操作人填写物料领取交接单,一式两份(一份粘贴于批生产记录中,一份保存于领料间管理员处),依照批生产指令,至领料间领取物料 ② 领取物料时,工序操作人须重点核对物料名称、规格、重量、批号、批量等信息是否与生产指令一致,料桶上是否有"合格"标识,并称重核对物料重量等,同时班组长、领料间管理员须复核检查,核对无误后三方签字;工序操作人登记物料进出站台账后,方能将物料领回配液间,进行生产操作 ③ 根据批产量总数,在领料间领取周转桶,做好登记;检查周转桶是否清洗干净,有无粉尘及任何遗留物,盖、桶是否配套 ④ 将物料、周转桶置于小推车上,推至配液间指定位置	合格物料 周转桶
5	QA 人员检查复核	① 按照批生产记录中生产前检查操作要点复核,任何一条不符合要求则不能进入下一程序 ② QA 人员现场复核无误后签字准产	复核准产
6	记录填写	① 按照批生产记录填写要求,填写配液岗位生产前检查与准备记录 ② 粘贴清场合格证(副本)于记录中	配液岗位生产前检查与准备记录填写

2. 生产过程

配液岗位操作要点见表8-2。

表8-2 配液岗位操作要点

序号	步骤	操作要点	示意图
1	开机前检查	① 检查电源、纯化水、蒸汽等是否处于可用状态 ② 检查滤材规格、型号、清洁度是否符合工艺规定 ③ 检查计量器具测试范围是否符合生产要求,有无"检定合格证",对生产用的测试仪器、仪表按要求进行必要的调试 ④ 确认配液所用的纯化水经检验质量合格,并在工艺规定的贮存时间内 ⑤ 过滤器装好滤材,逐个检查过滤器滤芯的完整性,合格后用纯化水洗净,待用 ⑥ 使用前用纯化水将配液罐、容器、管道等送液系统冲洗一次 ⑦ 更换设备状态标识,开机空转1 min,确认设备运行状态正常	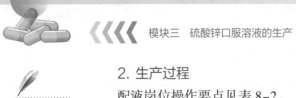 生产前更换标识 开机空转
2	加料配液	① 开启抽风,打开纯化水阀,向浓配罐内注入新鲜纯化水(不超过24 h)约15 000 ml ② 开启搅拌,从加料口投入枸橼酸15.6 g,搅拌3 min后再加入硫酸锌63.0 g,搅拌10 min。依次加入5%的羟苯乙酯溶液306 ml和单糖浆6 300 ml,继续搅拌混合10 min ③ 停止搅拌,打开过滤系统回流阀、泵前阀,开启药液输送泵,开始过滤(浓配药液采用一级过滤,使用3支钛棒,孔径为30 μm)。从取样口检查澄明度合格后,打开稀配罐进料阀,关闭回流阀,打开稀配罐呼吸器,将药液滤至稀配罐中,待浓配液滤完后,打开纯化水清洗器阀门冲洗罐内壁,使剩余药液全部打入稀配罐中,并不断加入纯化水至30 000 ml,停止过滤	开启搅拌 加硫酸锌

续表

序号	步骤	操作要点	示意图
2	加料配液	④ 开启稀配罐搅拌。搅拌 10 min 后,取样检测 pH 达 2.5~4.5 后,通知质检员取样检测硫酸锌含量及 pH ⑤ 含量及 pH 检测合格后,关闭稀配罐搅拌,开启稀配药液泵,药液经终端过滤后(稀配药液采用二级过滤:第一级过滤使用 3 支钛棒,孔径为 30 μm;第二级过滤使用 1 支聚丙烯滤芯,孔径为 1 μm),送至灌装工序。从浓配开始到稀配结束不得超过 4 h ⑥ 及时填写配液批生产记录。设备发生故障不能正常工作时,及时请维修人员维修。发生异常情况时填写异常情况处理报告交车间主任及时处理,并通知 QA 人员	加羟苯乙酯溶液 打开回流阀 开过滤回流泵 回流阀关,稀配罐阀开

233

续表

序号	步骤	操作要点	示意图
2	加料配液		开稀配罐搅拌 回流过滤器
3	停机	待药液输送完毕后,关闭输送系统,按照《配液灌清洁标准操作规程》和《过滤器清洁标准操作规程》清洁设备	关闭电源

二、配液罐组的清洁

配液罐组清洁操作要点见表 8-3。

表 8-3　配液罐组清洁操作要点

序号	步骤	操作要点	示意图
1	清洁前准备	① 更换房间状态标识为"清场中",更换设备状态标识为"待清洁" ② 准备清洁器具:蓝色、橘色、白色不脱落纤维的洁净抹布各一块,尼龙刷、尼龙扫把、专用丝光拖布各一个	更换设备状态标识为"待清洁"

续表

序号	步骤	操作要点	示意图
1	清洁前准备		 清洁用抹布
2	配液罐的清洗	① 关闭电源,先用尼龙刷将设备外表面的残余物料清理干净 ② 用蓝色洁净抹布浸饮用水将配液罐外表面擦拭至无可见残留物料 ③ 用橘色洁净抹布浸纯化水擦拭一遍配液罐外表面,最后用白色洁净抹布擦干 ④ 清洗罐体内部,确认浓配罐所有阀门都已关闭,确认水、电、气已到位 ⑤ 关闭手孔,打开视灯。打开饮用水阀门,饮用水压力带动清洗球转动喷洒配液罐内壁,注入约配液罐 2/3 容积的饮用水,打开搅拌器搅拌 ⑥ 打开过滤系统回流阀、泵前阀,开启输送泵,使饮用水经过滤器回流。浓配罐自动回流清洗 10 min ⑦ 打开管道冲洗阀门,冲洗管道。废水经管路进入稀配罐,从稀配罐下排水阀排出 ⑧ 打开浓配罐纯化水阀门,纯化水压力带动清洗球转动喷洒配液罐内壁,注入约配液罐 2/3 容积的纯化水,打开搅拌器搅拌,打开过滤系统回流阀、泵前阀,开启输送泵,使纯化水经过滤器回流。打开管道冲洗阀门,冲洗管道。废水经管路进入稀配罐,从稀配罐下排水阀排出。用纯化水重复冲洗 2~3 次	 用蓝色洁净抹布擦拭外表面 用橘色洁净抹布擦拭外表面 纯化水搅拌清洗

续表

序号	步骤	操作要点	示意图
2	配液罐的清洗	⑨ 稀配罐按照浓配罐清洗方式用纯化水冲洗 2~3 次,用 pH 试纸测量配液罐排水口排出水的 pH,应与纯化水一致 ⑩ 管路的清洗:拆卸不锈钢卡箍,将活动管路和阀门移到清洁间清洗,用胶条旋转式塞进管内擦洗 2~3 次,最后用纯化水冲洗。用湿抹布对卡箍、阀门内外表面进行擦拭,再用纯化水冲洗后晾干	停止搅拌
3	过滤器的清洗	① 打开过滤器,取出滤芯放入有皂液的不锈钢桶内浸泡 10 min。用刷子对滤芯进行刷洗,取出。用纯化水冲洗滤芯及过滤器外壳至清洗水澄清透明为止 ② 用湿抹布将外壳擦拭干净,滤芯用压缩空气吹干水迹,重新组装回配液罐组上	钛滤棒
4	灭菌	① 关闭浓配罐、稀配罐的排出口阀门,开启浓配罐、稀配罐及管路阀门,确认管路已串联 ② 打开配液罐上的蒸汽阀门,通入蒸汽并使压力维持在 1.0~2.0 MPa 之间 ③ 温度达到 121 ℃时,通入纯蒸汽 30 min,然后关闭纯蒸汽阀门 ④ 打开阀门,放出蒸汽冷凝在配液罐中的水和残余蒸汽,然后关闭所有阀门	在线灭菌(SIP) 配液罐灭菌
5	文件记录	及时填写配液罐清洁记录、过滤器清洁记录、配液罐消毒记录	填写记录

三、岗位清场操作

配液岗位清场操作要点见表8-4。

表8-4　配液岗位清场操作要点

序号	步骤	操作要点	示意图
1	清场操作	① 按《清场管理制度》《容器具清洁管理制度》《配液灌清洁标准操作规程》《过滤器清洁标准操作规程》做好清场工作 ② 岗位操作员用手推车将生产废弃物送至指定位置,按车间污物、废物管理规程处理 ③ 对配液系统及其他配制器具进行清洁消毒,QA人员检查合格后悬挂"已清洁"标识 ④ 用本岗位的清洁器具进行地漏、地面、墙面、操作台面的清洁消毒,原则为先物后地、先内后外、先上后下 ⑤ 检查配制过滤系统运行正常后,挂"完好"标识	更换设备状态标识为"已清洁"
2	清场检查	① 清场后及时填写清场记录,由QA人员复核 ② 合格后发给清场合格证作为下一批生产的许可凭证,并附在清场记录中 ③ 更换房间状态标识为"已清场"	更换房间状态标识为"已清场"

四、岗位记录填写

1. 填写要求

配液岗位批生产记录由岗位操作人员填写,再由岗位负责人及有关规定人员复核签字。不允许事前先填或事后补填,填写内容应真实。填写批生产记录应注意字迹工整、清晰,不允许用铅笔填写,且要求用笔颜色保持一致。批生产记录不能随意更改或销毁,若确实因填错需更改,务必在更改处画一横线后,将正确内容填写在旁边,并签字标明日期。

考核时为确保考评公平公正,原则上不允许岗位操作人员填写真实姓名,应填写准考证号或考试代号等。

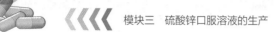

2. 生产记录样例

(1) 配液岗位生产前检查与准备记录样例　见表 8-5。

表 8-5　配液岗位生产前检查与准备记录样例

产品名称		规格		产品批号	
操作间名称/编号		配液间		生产批量	
设备名称/型号		[　　]PGZ30-50L 浓稀配液罐组			

生产前检查与准备	
配液前检查内容要点	检查记录
1. 核对岗位的清场情况和状态标识,确认在清场有效期内,将清场合格证(副本)粘贴在"清场合格证副本(粘贴处)"。确认无上次生产遗留物,没有与本批次生产无关的物料和文件	[　]是　[　]否
2. 检查房间状态标识是否符合要求	[　]是　[　]否
3. 确认房间温湿度、压差符合要求(温度 18~26 ℃,相对湿度 45%~65%)	[　]是　[　]否
4. 所有计量器具、仪器仪表在检定有效期内,确认水电气供应正常、已开启	[　]是　[　]否
5. 核对领取物料名称、规格、重量、批号、批量等信息是否与生产指令一致	[　]是　[　]否
6. 检查设备是否完好,有无相应标识	[　]是　[　]否
检查人		复核人	

清场合格证副本(粘贴处)

（2）配液过程记录样例　配液过滤工序操作记录样例见表 8-6。

表 8-6　配液过滤工序操作记录样例

编码：　　　　温度　　　℃　　相对湿度　　　%　　　　年　　月　　日　　班

产品名称			规格			批号	

A　配液过滤工序需执行的 SOP			
序号	项目	有	无
1	配液过滤工序岗位 SOP		
2	配液过滤工序清洁 SOP		
3	配液罐、过滤器操作 SOP		
B　操作前检查项目			
序号	项目	是	否
1	是否有上批产品清场合格证		
2	操作间温度、相对湿度、压差是否符合要求		
3	设备是否正常，并已清洁干燥		
4	工器具是否齐备，并已清洁干燥		
5	是否有上批遗留物		
6	领用物料是否符合要求		
7	配液所用纯化水是否符合要求		

检查人：

C　操作记录						
原辅料名称	规格	检验单号	单位	数量	称量人	复核人
配液	搅拌时间	纯化水用量/L	加热温度/℃	蒸汽压力/Pa	备注	
取样检测记录	序号	取样量/ml	检测含量/$(mg \cdot ml^{-1})$	是否达标	操作人	备注
过滤	最终配液量：_____ml；过滤后管道残留：_____ml； 过滤后药液澄明度：合格（　　）　　不合格（　　）					
操作人				复核人		

（3）配液岗位清场记录样例　见表 8-7。

表 8-7　配液岗位清场记录样例

生产工序		操作间名称/编号			清场负责人	
产品名称	×××口服溶液	规格	复方（　　ml）		产品批号	

清场要求：

1. 生产现场应整洁卫生,生产地面、工作台面、墙壁门窗、工用具、容器应清洁无污物,生产废弃物应清理出现场,工用具应定置存放

2. 本批生产记录应清理出现场

3. 生产现场没有本批中间产品遗留

4. 清洗配料罐、物料管道

清场内容	自查	复查
1. 生产现场应整洁卫生,生产地面、工作台面、墙壁门窗、工用具、容器应清洁无污物	☐	☐
2. 原辅料清出现场,生产现场没有本批中间产品遗留	☐	☐
3. 配料罐、物料管道清洗	☐	☐
4. 本批的批记录及生产废弃物清除	☐	☐
5. 工用具、洁具定置存放	☐	☐
6. 状态标识更换	☐	☐

清场人		清场时间		年　　月　　日　　时　　分			
复查人		复查时间		年　　月　　日　　时　　分			

填写说明：

1. 清场合格,在框内用"√"表示

2. 清场不合格,在框内用"×"表示

五、常见问题与处理方法

浓稀配液罐组配液过程中常见问题与处理方法见表 8-8。

表 8-8　浓稀配液罐组配液过程中常见问题与处理方法

问题	原因	处理方法
含量不符合要求	搅拌时间不够	增加搅拌时间
	滤器未清洁彻底	重新清洁滤器
澄明度不符合要求	原料药不合格	更换原料药
	滤器过滤效果降低	清洁过滤器

任务考核

一、考核要求

1. 在线测试（5 min）

请扫描二维码完成在线测试。

在线测试：
配液

2. 实践考核（40 min）

以角色扮演法进行分组考核，要求在规定时间内完成硫酸锌口服溶液配液岗位操作，并填写批生产记录。

（1）分组要求　小组人数不少于 3 人，1 人扮演领料间管理员，1 人扮演考评员，1 人扮演岗位操作人员。

（2）场景设置　应至少设有配液间、领料间、工具室，配套浓稀配液罐组、房间与设备状态标识牌、不锈钢勺与桶、塑料袋与扎带、可粘贴标签、清洁器具等。

（3）其他要求　考核时应提前穿戴洁净服，考核过程中应按照操作要点规范操作，及时如实填写批生产记录等。

二、评分标准

配液岗位评分标准见表 8-9。

表 8-9　配液岗位评分标准

序号	考试内容	分值/分	评分要点	考生得分	备注
1	生产前检查	14	① 正确检查复核房间状态标识（4 分） ② 正确检查复核设备状态标识（4 分） ③ 房间温湿度及压差检查（6 分）		
2	配液过程	54	① 能在指定位置领取物料与工具，填写使用台账（4 分） ② 开机前能对配液、过滤设备进行检查，能正确组装过滤器组件（12 分） ③ 能够按照设备操作规程正确操作设备（20 分） ④ 能按照配液过滤操作规程完成配液、过滤操作，防止污染和交叉污染的措施到位，各项安全注意事项注意到位（10 分） ⑤ 操作结束将设备复位，并对设备进行常规维护保养（8 分）		
3	配液清场（不填写清场记录）	12	① 正确更换状态标识（4 分） ② 清洁地面、台面（4 分） ③ 30 min 内完成岗位操作（4 分）		

续表

序号	考试内容	分值/分	评分要点	考生得分	备注
4	生产记录	20	① 及时规范填写各项记录(14分) ② 正确粘贴清场合格证(6分)		
			岗位总分		

PPT:
灌封

任务 8.2　灌　　封

知识准备

授课视频:
灌封

▶▶▶ 岗位职责

口服液灌封岗位操作人员应严格按照口服液灌封岗位职责要求,在液体制剂车间口服液组班组长领导下,履行工作职能。

1. 生产准备

进岗前按规定着装,进岗后按工艺要求调试瓶、盖洗烘设备和口服液灌封设备;根据生产指令,按规定程序从物料间领取所需玻璃瓶及铝盖。

2. 生产操作

严格按照洗瓶烘干岗位 SOP 进行口服液瓶的洗烘,按照铝盖清洗机 SOP 进行铝盖的清洗、灭菌、干燥,按照口服液灌封工艺规程和 SOP 进行灌封。洗瓶、烘干、胶塞清洗、灌封过程因设备类型和型号不同而操作方法有所不同。凡是符合 GMP 要求的各类各种型号的相关设备都可用于药物制剂生产职业技能等级证书的实训考核。本书中以立式超声波洗瓶机(图 8-1)、热风循环烘箱(图 8-2)、全自动胶塞铝盖清洗机(图 8-3)、DGZ4 口服液灌轧一体机(图 8-4)为例讲述口服液洗瓶灌封生产操作过程。

洗瓶灌封操作人员应在规定时间检查玻璃瓶及铝盖的清洁状况、口服液装量、轧盖密封性,规范、及时填写生产记录。

洗瓶灌封操作人员在生产过程中发现口服液质量问题,必须及时报告工序负责人、工艺员。

3. 生产结束

按要求填写移交单据,完成口服液灌封后中间产品的移交;余料按规定退至中间站。

工作结束或更换品种时,严格按本岗位清场 SOP 清场,经 QA 人员检查合格后,悬挂清场合格标识。

图 8-1　立式超声波洗瓶机

图 8-2　热风循环烘箱

图 8-3　全自动胶塞铝盖清洗机

图 8-4　DGZ4 口服液灌轧一体机

动画:
回转式灌
封机

4. 其他要求

工作期间严禁脱岗、串岗,不做与岗位工作无关之事;经常检查设备运转情况,注意设备保养,操作时发现故障应及时上报。

任务实施

一、岗位生产前检查与准备

灌封岗位生产前检查与准备操作要点见表 8-10。

表 8-10　灌封岗位生产前检查与准备操作要点

序号	步骤	操作要点	示意图
1	接收批生产指令	接收批生产指令、物料交接单、空白的岗位生产记录、岗位 SOP、设备 SOP、清场 SOP 等文件	检查生产相关文件

续表

序号	步骤	操作要点	示意图
2	领料单	仔细阅读批生产指令,按批生产指令填写领料单,一式三份,内容包括:产品名称、批号、玻璃瓶数量及规格、铝盖数量及规格等。生产部负责人审核签字后领料	填写领料单
3	备料	仓库管理员根据领料单逐一核对相关物料,应有检验合格报告书、领料单;根据领料单数量备料,并在领料单上如实填写实发量,签字确认	未拆封口服液瓶
4	领料	车间领料员逐一核对玻璃瓶和铝盖的品名、规格、编号、数量是否一致,检查并确认瓶、盖的外包装完好无损,核对无误后,在领料单上签字确认,领料员检查中发现任何与规定不符的情况,均应拒收	核对领料
5	领入车间	① 在脱外包装间,对外包装进行擦拭,通过传递窗,将瓶、盖传入洗瓶机 ② 打开瓶、盖包装,剔除不良品,待用	物料进入洁净区

二、瓶、盖清洗烘干岗位操作

瓶、盖清洗烘干岗位操作要点见表8-11。

表 8-11　瓶、盖清洗烘干岗位操作要点

序号	步骤	操作要点	示意图
1	接收批生产指令	① 接收批生产指令,口服液洗瓶、盖批生产记录(空白),物料交接单(玻璃瓶和铝盖),中间产品标签(空白),设备 SOP,设备清洁 SOP 等文件 ② 仔细阅读批生产指令,明了产品名称、规格(10 ml/支)、批量、生产任务、注意事项等指令 ③ 按批生产指令填写岗位生产状态卡,内容包括:品名、规格、生产日期、计划产量及备注,悬挂于岗位门口	生产前物料核对
2	复核清场	① 检查生产场地是否有上一批生产遗留的玻璃瓶、铝盖等 ② 检查洗瓶间门窗、墙壁、地面等是否干净,有无浮尘,是否光洁、明亮 ③ 检查洗瓶间清场合格证和状态标识	洗瓶间生产前环境检查
3	铝盖清洗烘干	① 操作前的准备:检查供水、供电情况,冲洗滚筒,冲洗滤芯,旋紧螺栓 ② 加料:先打开箱体加料视镜门,点动主轴使加料门对准加料口,打开加料门,上加料漏斗,加料,然后关好滚筒及箱体加料视镜门 ③ 循环喷淋清洗:打开进水阀、主轴转动、水泵,循环喷淋清洗,待水从溢流口外溢时,关闭进水阀。设定水温为 80 ℃,在清洗期间,间断性地启动进水阀,使箱内的油渍杂物从溢流口排出。循环清洗 30 min,关闭水泵及截止阀,打开放水阀,放掉清洗槽中的污水 ④ 清水喷淋清洗:开启进水阀、水泵,不关放水阀,进行清水喷淋 5~10 min ⑤ 烘干:主轴保持转动,关闭所有电磁阀,启动加热,使温度保持在 100~120 ℃,时间 2 h ⑥ 出料:烘干结束后,停止主轴转动,打开出料门,抽出溜口,手动转动主轴,物料自动排出 ⑦ 关机:用纯化水擦拭机身外表面各部位	铝盖清洗

序号	步骤	操作要点	示意图
4	洗瓶	① 检查供水、供气、供电情况 ② 设定水位,向水箱内注入经过滤的纯化水,到达水位后,将待洗口服液瓶排满不锈钢传送网,所有操作按钮拨向自动,按启动按钮,洗瓶机开始自动操作。循环水、纯化水、洁净压缩空气交替洗瓶,保持水压在 0.25 Mpa,气压在 0.5 Mpa 完成洗瓶操作。洗瓶过程中,每 2 h 抽查清洗后的口服液瓶,如发现澄明度不合格,立即停车找出原因,并采取相应措施后重新操作	检查洗瓶机水、电、气 启动洗瓶机 补充上瓶
5	瓶干燥	清洗合格的口服液瓶,进入热风循环烘箱输送至口服液灌封间	瓶干燥
6	停机	① 洗瓶结束,关闭洗瓶机电源开关 ② 待烘箱中的玻璃瓶干燥结束,关闭烘箱总电源	热风循环烘箱关机

续表

序号	步骤	操作要点	示意图
7	清场	① 清除本批操作中剩余瓶、废弃物 ② 按铝盖清洗机清洁 SOP 对铝盖清洗机进行清洁 ③ 按超声波洗瓶机清洁 SOP 对洗瓶机进行清洁 ④ 按洗瓶室清洁 SOP 进行室内清洁 ⑤ 按隧道烘箱清洁 SOP 对隧道烘箱进行清洁 ⑥ 填写清场记录,经 QA 人员检查合格后,在批生产记录上签字,并发放清场合格证	 清洁铝盖清洗机 清洁洗瓶机

三、灌装岗位操作

灌装岗位操作要点见表 8-12。

表 8-12　灌装岗位操作要点

序号	步骤	操作要点	示意图
1	接收批生产指令	① 接收批生产指令、口服液灌封批生产记录(空白)、物料交接单(玻璃瓶和铝盖)、中间产品标签(空白)、设备 SOP、设备清洁 SOP 等文件 ② 仔细阅读批生产指令,明了产品名称、规格(10 ml/支)及其上下限要求、批量。生产任务、注意事项等指令 ③ 按批生产指令填写岗位生产状态卡,内容包括:品名、规格、生产日期、计划产量及备注,悬挂于岗位门口	检查生产文件 填写岗位生产状态卡

续表

序号	步骤	操作要点	示意图
2	复核清场	① 检查生产场地是否有上一批生产遗留的产品、玻璃瓶、铝盖等 ② 检查灌封间门窗、墙壁、地面等是否干净，有无浮尘，是否光洁、明亮。 ③ 检查灌封间清场合格证和状态标识 ④ 检查灌装轧盖机机身、灌装针、理瓶振荡盘等是否已清洁，是否悬挂有绿色"已清洁"和"完好"标识 ⑤ 检查是否遗留上一批次批生产记录等文件 ⑥ 确认容器具(量筒、废料杯、废料盘)、生产工具(扳手)等均"已清洁"并在有效期内 ⑦ 确认设备所用水、电、气已准备到位	生产前检查环境 生产前检查清场合格证 生产前检查设备状态标识
3	温湿度与压差检查	判定灌封间温湿度、压差是否符合要求：温度 18~26 ℃，相对湿度 45%~65%，灌封间保持相对正压，≥5 Pa	温湿度表
4	中间产品与内包装材料领取	① 依据批生产指令，至中间站领取配制的药液 ② 工序操作人填写中间产品交接单(领取)，一式两份(一份粘贴于批生产记录中，一份保存于中间站管理员处)	中间产品及标签

续表

序号	步骤	操作要点	示意图
4	中间产品与内包装材料领取	③ 工序操作人、班组长(考评员)、中间站管理员核对中间产品名称、重量、批号、加工状态等,重点复核中间产品料桶上是否有"放行"标识,复称中间产品重量(称重符合)、产品名称等。核对无误后签字,中间站管理员同时填写中间产品进出站台账,工序操作人将已放行中间产品运回灌封间,继续加工 ④ 依据批生产指令,至中间站领取洁净的玻璃瓶和铝盖。工序操作人填写中间产品交接单(领取),一式两份(一份粘贴于批生产记录中,一份保存于中间站管理员处) ⑤ 工序操作人、班组长(考评员)、中间站管理员核对已清洁的玻璃瓶和铝盖的名称、重量、批号、清洁状态等,重点复核玻璃瓶和铝盖塑料袋包装或装盘上是否有"已清洁"标识且在有效期内,复核玻璃瓶和铝盖的数量、规格等。核对无误后签字,中间站管理员同时填写中间产品进出站台账,工序操作人将已清洁的玻璃瓶和铝盖运回灌封间,继续加工	玻璃瓶、铝盖 物料名称: 铝盖 物料状态: ☑等待使用 正在使用 等待处理 质量状况: ☑合格 不合格 负责人: 物料批号: 20210621 数量: 100 个 制备日期: 2021 年 6 月 21 日 15 时 30 分 有效期至: 2021 年 6 月 22 日 15 时 30 分 洁净铝盖的标签 物料名称: 玻璃瓶 物料状态: ☑等待使用 正在使用 等待处理 质量状况: ☑合格 不合格 负责人: 物料批号: 20210621 数量: 100 个 制备日期: 2021 年 6 月 21 日 15 时 30 分 有效期至: 2021 年 6 月 22 日 15 时 30 分 洁净玻璃瓶的标签 中间站内包装材料交接
5	QA 人员检查复核	① 按照批生产记录中生产前检查操作要点复核,任何一条不符合要求则不能进入下一程序 ② QA 人员现场复核无误后签字准产	复核准产

续表

序号	步骤	操作要点	示意图
6	生产前检查与准备记录填写	① 按照批生产记录填写要求,填写口服液灌封岗位生产前检查与准备记录 ② 粘贴清场合格证(副本)于记录中	清场合格证(副本)
7	口服液灌装机开机前检查	① 确认水、电、气供应是否正常,转速旋钮是否归零 ② 更换设备状态标识,挂上"正在运行"状态标识 ③ 开启电源,进入手动模式,依次打开主机、理瓶、轧盖,检查设备各部件无障碍、无摩擦现象后,切换至自动模式,空机转动 3~5 圈,停机	更换"正在运行"状态标识 手动模式空机运转 自动模式空机运转

续表

序号	步骤	操作要点	示意图
8	调节装量	① 将硅胶软管放入药液筒内,在已经消毒的瓶斗内放入玻璃瓶 ② 切换至手动模式,只开灌装,进瓶、灌装部位运转,将药液充满硅胶软管、灌装泵,排尽灌装部件管道内的空气 ③ 试灌装并调整装量,用干燥的量筒检查装量	上料 上瓶 调整装量
9	检查密封性	手动模式下,调节转速至零,只开理盖,投入生产所需铝盖,待上盖轨道充满铝盖后,切换至自动模式,此时开始灌装、理盖、轧盖,调节主机转速至生产所需。灌装 4 支并轧盖,检查轧盖密封性:以三指法检查,即左手托着玻璃瓶,右手拇指、食指、中指以八分力旋转铝盖,旋不动时为合格	上盖 检查密封性

续表

序号	步骤	操作要点	示意图
10	正式灌封	① 装量、轧盖密封性检查合格后,按《DGZ4 口服液灌轧一体机标准操作规程》操作设备,批量生产 ② 灌装轧盖完成后的中间产品被转盘送到出瓶盘上(刚开始轧盖时,应将不锈钢挡板放在出瓶拨轮出口处,防止玻璃瓶倒在出瓶盘上) ③ 灌封过程中,不得用手触摸运转件,不得钳夹转盘上的杂物,不得用抹布擦抹机身上的油污,以防事故发生 ④ 生产过程中每 20 min 取 4 支检查装量和轧盖密封性。有异常时,及时排除并记录 ⑤ 用专用的不锈钢盘将中间产品收集起来,并填写中间产品信息和状态标识 ⑥ 生产过程中应保证灌装部件管道内无气泡存在,药液供给充足 ⑦ 生产快结束时,药液无法保证灌装装量时,应停止灌装,并将剩余药液按废弃物处理 ⑧ 实时填写岗位批生产记录及生产过程情况,生产结束后统计物料平衡	灌封生产 出瓶止倒 中间产品密封性检查 中间产品装量抽查
11	生产结束	① 停机,灌封速度旋钮回零,关闭电源。收集灌封机内残留玻璃瓶、铝盖,并入"待回收品"桶内	灌装停机

续表

序号	步骤	操作要点	示意图
11	生产结束	② 清点已灌封口服液中间产品的数量,在标签上填写数量、交料人及日期等内容 ③ 灌封机与灌封间换上"待清洁"状态标识	已灌封中间产品收集 设备"待清洁"状态标识
12	交接中间产品	① 移交已灌封口服液中间产品及待回收品至中间站 ② 工序操作人核对已灌封口服液中间产品数量与待回收品数量;填写中间产品标签(品名、规格、产品批号、数量、操作人、操作时间、存放有效期等项目),粘贴于专用托盘外表面 ③ 工序操作人填写中间产品交接单,一式两份(一份粘贴于批生产记录中,一份保存于中间站管理员处);填写请验单,粘贴至口服液灌封批生产记录中 ④ 工序操作人将已灌封口服液中间产品数量与待回收玻璃瓶和铝盖递交至中间站。中间站管理员核对中间产品名称、规格、批号、数量、加工状态等,重点复核中间产品数量等,核对无误后,双方签字。中间站管理员同时填写中间产品进出站台账	已灌装口服液中间站交接 中间产品进出站台账

253

序号	步骤	操作要点	示意图
13	生产结束后岗位清场	① 清物料:用小毛刷将轧盖工位上的铝屑清除干净。收集铝屑,置废弃物塑料袋内,贴上废弃物标签。将不合格的玻璃瓶、铝盖、药液按废弃物集中在废弃物塑料袋内,扎好口袋,交清洁员处理 ② 清文件:填写岗位批生产记录,并将本批岗位批生产记录撤出操作间交工艺员;清除其他与下批生产无关的文件,辅助记录除外 ③ 清设备:按照《DGZ4 口服液灌轧一体机清洁标准操作规程》清洁、消毒 ④ 清操作间:按照《清场标准操作规程》进行口服液灌封间清场	清铝屑 清废料

四、口服液灌装一体设备的标准操作

口服液灌装一体设备操作要点见表 8-13。

表 8-13　口服液灌装一体设备操作要点

序号	步骤	操作要点	示意图
1	开机前准备	① 确认电源合格,确认设备有"完好""已清洁"标识,并在有效期内 ② 根据情况对设备活动部位添加润滑油 ③ 消毒:用以 75% 乙醇浸湿的洁净抹布(不脱落纤维和颗粒)擦拭(3次)设备内、外表面(瓶斗内直接接触玻璃瓶的表面、进瓶螺杆、拨瓶轮、理盖机、灌装头及所有直接接触物料的部位)进行消毒 ④ 打开设备电源开关 ⑤ 点击操作面板,空机自动运行,观察设备有无异响或其他异常。若有异响或异常应立即停机检查并排除	生产前消毒 开机空转

续表

序号	步骤	操作要点	示意图
2	开机操作	① 在已经消毒的瓶斗内放入玻璃瓶,理盖机内放入铝盖 ② 手动排尽各计量泵和管道内的空气 ③ 打开主机点手动界面,点击灌装,不要打开轧盖,先调整装量至合格 ④ 打开理盖振荡,使铝盖充满下盖轨道 ⑤ 点击操作屏幕上的自动运行。此时开始灌装、理盖、轧盖,调节主机转速至生产所需	装瓶 排气 加铝盖 开机灌装 调节转速至生产所需

续表

序号	步骤	操作要点	示意图
3	停机	① 生产结束后应将主机转速调至零 ② 按照设备清洁 SOP 完成清洁和清场并填写相关记录	调节转速为零 清洁设备 清洁灌装针头
4	维护与保养	① 有加油孔的位置应定期添加润滑油 ② 每次生产结束后必须清洁机器，保持机器外观整洁干净 ③ 易损件磨损后应及时更换	设备已清洁

五、DGZ4 口服液灌轧一体机的清洁

DGZ4 口服液灌轧一体机清洁操作要点见表 8-14。

表 8-14 DGZ4 口服液灌轧一体机清洁操作要点

序号	步骤	操作要点	示意图
1	清洁器具的准备	① 清洁用水:纯化水、饮用水 ② 消毒剂:75% 乙醇 ③ 清洁器具:不锈钢盆、洁净抹布、毛刷 ④ 清洁周期:每批结束或更换品种时。超过一天后使用,须重新清洁,保存期限内,如发现有异味或其他异常情况,应重新清洁	洁净抹布
2	清洁方法	① 每班工作任务完成后,清除上批残余物料、文件、标识。取下该设备上的所有未灌装的口服液瓶,交洗瓶工序待用 ② 清除设备表面的残留物,用洁净抹布擦去药污 ③ 取约 1 000 ml 热饮用水,按灌装方式清洁灌装针头,按《DGZ4 口服液灌轧一体机标准操作规程》清洁至水无色 ④ 用纯化水按上述步骤进行清洁操作,冲洗至洗液无色、无污物 ⑤ 用洁净抹布浸纯化水擦洗设备表面	清设备 清管道
3	清洁检查	经 QA 人员检查合格后,挂上清洁状态标识,填写清洁记录	清场记录

六、灌装过程质量控制

灌装过程质量控制要点见表 8-15。

表 8-15　灌装过程质量控制要点

序号	步骤	操作要点	示意图
1	装量调节	开启手动模式,点击灌装,不轧盖,排空灌装管道中气体后,灌装2~3 组,测量灌装体积应为:10 ml/瓶(10~10.5 ml/瓶)。对不在限度范围的灌装头进行装量调节,至符合装量限度要求	排气后灌装 测得体积 调整装量
2	正式灌封过程控制	正式灌封过程需要重点控制装量和轧盖密封性。其中,已灌封口服溶液装量控制标准为 10 ml/瓶(10~10.5 ml/瓶),监测频率为 10支/20 min;已灌封口服溶液轧盖密封性要求为轧盖严密、不漏液,剔除歪瓶和破瓶,通常监测频率为 10支/20 min	装量控制 轧盖密封性检查

七、岗位清场操作

岗位清场操作要点见表 8-16。

表 8-16　岗位清场操作要点

序号	步骤	操作要点	示意图
1	清场	① 每天岗位考核结束,将灌封好的口服液中间产品、可回收品等移交中间站 ② 清除生产过程中产生的废弃物 ③ 移出与后续产品无关的文件、记录 ④ 清洁设备台面上的异物、铝屑及玻璃屑等,严格按照 SOP 清洁设备 ⑤ 领取清洁器具清洁操作台面,清洁操作间地面、门窗等,做到无积水、药液、积尘、结垢 ⑥ 操作人按照规定进行清场,自检合格后,向生产岗位管理人员提出复核;生产岗位管理人员确认清场合格后,更换正确的状态标识;若复检不合格,应要求该清场人员重新清场,直到符合规定 ⑦ 确认合格后,双方在批生产记录上填写清场记录	中间产品交接 清余料 擦拭清洁
2	清场有效期	① 一般生产区:7 天(以实际验证结果为准) ② D 级洁净区:3 天(以实际验证结果为准)	清场有效期

259

序号	步骤	操作要点	示意图
3	人员职责	清场工作由岗位操作人员负责;清场复核工作由该生产岗位管理人员(生产岗位管理人员包括:工艺员、工序质量员、QA人员、考评员等)负责,需按清场项目对清场情况进行复核,合格后,签发清场合格证,清场合格证一式两份(正本与副本),正本粘贴于本次清场记录中,副本置于岗位操作间,用于下批生产前检查,即正本附在本批生产记录中,副本会在下一批生产前检查后附于下批生产记录中	清场合格证
4	清场检查	生产岗位管理人员确认清场合格后,更换正确的状态标识;若复检不合格,应要求该清场人员重新清场,直到符合规定	"已清场"状态标识

八、岗位记录填写

1. 填写要求

口服液灌封岗位批生产记录由岗位操作人员填写,再由岗位负责人及有关规定人员复核签字。不允许事前先填或事后补填,填写内容应真实。填写批生产记录应注意字迹工整、清晰,不允许用铅笔填写,且要求用笔颜色保持一致。批生产记录不能随意更改或销毁,若确实因填错需更改,务必在更改处画一横线后,将正确内容填写在旁边,并签字标明日期。

考核时为确保考评公平公正,原则上不允许岗位操作人员填写真实姓名,应填写准考证号或考试代号等。

2. 生产记录样例

(1)口服液灌封岗位生产前检查与准备记录样例 见表8-17。

表8-17 口服液灌封岗位生产前检查与准备记录样例

产品名称		规格		产品批号	
操作间名称/编号		口服液灌封间		生产批量	
设备名称/型号	[ ]DGZ4 口服液灌轧一体机				

生产前检查与准备

灌封前检查内容要点	检查记录
1. 核对岗位的清场情况和状态标识,确认在清场有效期内,将清场合格证(副本)粘贴在"清场合格证副本(粘贴处)"。确认无上次生产遗留物,没有与本批次生产无关的物料和文件	[ ]是 [ ]否
2. 检查房间状态标识是否符合要求	[ ]是 [ ]否
3. 确认房间温湿度、压差符合要求(温度为18~26 ℃,相对湿度为45%~65%,房间压差为相对正压并≥5 Pa)	[ ]是 [ ]否
4. 所有计量器具、仪器仪表在检定有效期内,确认水电气供应正常、已开启	[ ]是 [ ]否
5. 按照批生产指令核对领取的玻璃瓶和铝盖的数量、规格等	[ ]是 [ ]否
6. 检查设备是否完好,有无相应标识	[ ]是 [ ]否
7. 检查周转物料、中间产品的标签、托盘等	[ ]是 [ ]否
检查人		复核人	

清场合格证副本(粘贴处)

（2）口服液灌封过程记录样例

① 口服液灌封岗位记录样例见表 8-18。

表 8-18　口服液灌封岗位记录样例

产品名称		_____口服溶液		规格		ml	产品批号	
灌装日期			年　月　日　班			灌装量		瓶
温　度		℃	相对湿度		%	工序负责人		
操作要点	1. 执行工艺规程及灌装 SOP 2. 洁净区温湿度要求：温度 18~26 ℃，相对湿度 45%~65%，每班记录一次 3. 按操作指令中下达的装量差异范围进行装量检测，每 20 min 抽查一次装量 4. 严格遵守洁净区管理规程 5. 灌封一体机最大灌封速度：60 瓶/min 6. 药液从过滤到灌装结束应控制在 10 h 内完成							
生产前确认	上批产品名称							
	上批次规格				上批次批号			
	上批次清场情况：合格□　不合格□			能否进行生产　□			确认人	
主要生产设备	型号		DGZ4 口服液灌轧一体机					
	编号		SC-KFY-003　□					
	设备运行情况		正常□　异常□		生产情况		正常□　异常□	
灌装	药液体积				L			
	灌装机速	瓶/min	灌装开始时间		时　分	灌装结束时间		时　分
	装量		ml/瓶	装量范围			~　ml/瓶	
	理论灌装数		瓶；共计　　L	灌装合格数			瓶	
	破损数		瓶	灌装平衡率			%	
	灌装平衡率：96.0%~100.0%		灌装平衡率=$\dfrac{\text{灌装合格率+损耗数}}{\text{理论灌装数}}\times100\%$				是否平衡 □	
	操作人				复核人			

② 装量调节记录样例见表 8-19。

表 8-19　装量调节记录样例

时间	灌装头			
	1	2	3	4
：				
：				
：				

③ 装量抽查记录样例见表 8-20。

表 8-20　装量抽查记录样例

时间	灌装头			
	1	2	3	4
：				
：				
：				

（3）口服液灌封岗位清场记录样例　见表 8-21。

表 8-21　口服液灌封岗位清场记录样例

生产工序		操作间名称/编号		清场负责人	
产品名称	×××口服溶液	规格	ml	产品批号	

清场要求：
　1. 生产现场应整洁卫生,生产地面、工作台面、墙壁门窗、工用具、容器应清洁无污物,生产废弃物应清理出现场,工用具应定置存放
　2. 本批生产记录应清理出现场
　3. 生产现场没有本批中间产品遗留

清场内容	自查	复查
1. 生产现场应整洁卫生,生产地面、工作台面、墙壁门窗、工用具、容器应清洁无污物	□	□
2. 聚酯瓶、高密度聚乙烯桶清理及产品清除、残液处理	□	□
3. 灌装机、管道、贮罐清洗	□	□
4. 本批的批记录及生产废弃物清除	□	□
5. 过滤器、工用具、洁具定置存放	□	□
6. 状态标识更换	□	□

清场人		清场时间	年　　月　　日　　时　　分
复查人		复查时间	年　　月　　日　　时　　分

填写说明：
1. 清场合格,在框内用"√"表示
2. 清场不合格,在框内用"×"表示

视频：
口服液灌装
轧盖岗位标
准操作规程

九、常见问题与处理方法

DGZ4 口服液灌轧一体机灌封过程中常见问题与处理方法见表 8-22。

表 8-22　DGZ4 口服液灌轧一体机灌封过程中常见问题与处理方法

问题	原因	处理方法
进瓶口倒瓶、爆瓶	进瓶盘内玻璃瓶太少,玻璃瓶在落入输瓶螺杆时错位,被挤压导致爆瓶	随时观察进瓶盘内玻璃瓶数量,及时补充上瓶
装量不符合要求	管路连接处泄漏或泵阀密封性差	排除泄漏或更换泵、阀
针管插不进瓶口	瓶口对位不准确	调整瓶口与喷针位置
轧盖密封不严	轧盖工位与瓶体高度不符;铝盖质量问题	调整轧盖工位高度以适应不同型号的瓶体;更换质量合格的铝盖

 任务考核

一、考核要求

1. 在线测试(5 min)

请扫描二维码完成在线测试。

2. 实践考核(40 min)

以角色扮演法进行分组考核,要求在规定时间内完成口服液灌封岗位操作,并填写批生产记录。

(1) 分组要求　小组人数不少于 3 人,1 人扮演中间站管理员及仓库管理员,1 人扮演考评员,1 人扮演岗位操作人员。

(2) 场景设置　应至少设有内包装材料仓库、铝盖及玻璃瓶清洁烘干间、灌封间、中间站,配套铝盖清洗机、洗瓶机、热风循环烘箱、口服液灌封机、房间与设备状态标识牌、25 ml 规格量入式量筒、塑料袋与扎带、可粘贴标签、清洁器具等。

(3) 其他要求　考核时应提前穿戴洁净服,考核过程中应按照操作要点规范操作,及时如实填写批生产记录等。

二、评分标准

灌封岗位评分标准见表 8-23。

在线测试:
灌封

表 8-23　灌封岗位评分标准

序号	考试内容	分值/分	评分要点	考生得分	备注
1	生产前检查	7	① 正确检查复核房间状态标识(2分) ② 正确检查复核设备状态标识(2分) ③ 房间温湿度及压差检查(3分)		
2	玻璃瓶、铝盖领取过程	9	① 根据生产指令,正确填写领料单(2分) ② 领料前复核玻璃瓶、铝盖数量及规格等,签字(2分) ③ 正确将玻璃瓶、铝盖转运至清洗间(5分)		
3	瓶、盖清洗烘干操作	34	① 正确更换状态标识(2分) ② 清洗前核对物料数量、规格(2分) ③ 正确操作铝盖清洗机清洗铝盖(10分) ④ 正确操作超声波洗瓶机清洗玻璃瓶(10分) ⑤ 正确操作热风循环烘箱干燥玻璃瓶(10分)		
4	灌装操作	24	① 正确更换状态标识(2分) ② 正确领取口服液药液,填写中间产品进出站台账(2分) ③ 领取已清洁的内包装材料,填写中间产品进出站台账(2分) ④ 生产前检查复核准产(2分) ⑤ 正确开机空转检查设备(2分) ⑥ 正确排气(1分) ⑦ 正确调整装量(3分) ⑧ 上铝盖,待上盖轨道充满铝盖,开启灌装(1分) ⑨ 及时、正确抽查装量与密封性(5分) ⑩ 正确操作灌装轧盖机进行药液灌装轧盖(4分)		
5	清场操作	18	① 正确清点、交接已灌装的口服液中间产品(3分) ② 及时、正确更换状态标识(1分) ③ 领取正确的清洁器具及清洁消毒液(2分) ④ 按照要求清物料、清洗管道、清洁设备、清洁房间(10分) ⑤ 自检并要求 QA 人员复核清场情况(2分)		
6	生产记录	8	① 及时规范填写各项记录(6分) ② 正确粘贴、悬挂清场合格证(2分)		
			岗位总分		

项目 9
硫酸锌口服溶液质量检查

>>>> 项目描述

　　口服液的质量检查项目有外观检查(包括澄明度检查)、装量差异检查、卫生学检查、定性鉴别、有效成分含量测定、相对密度测定等。这些项目的检查基本上能有效地控制口服液的质量。

　　本项目以硫酸锌口服溶液为例,基于质检人员身份,按照质检岗位要求,介绍鉴别硫酸锌口服溶液的外观性状、处理供试品等操作,使学员掌握硫酸锌口服溶液制剂鉴别、锌盐鉴别和硫酸盐鉴别、pH 检查、含量测定等岗位操作技能。

>>>> 学习目标

● **知识目标**

1. 掌握口服溶液剂的质量标准。
2. 掌握硫酸锌口服溶液的性状特点和制剂鉴别方法。
3. 掌握硫酸锌口服溶液的锌盐鉴别和硫酸盐鉴别反应检查方法。
4. 掌握硫酸锌口服溶液 pH 检查方法和含量测定方法。
5. 掌握质检后清场的方法并正确填写记录。

● **能力目标**

1. 会鉴别硫酸锌口服溶液的外观性状。
2. 能选择正确的仪器对硫酸锌口服溶液进行制剂鉴别、供试品处理等操作。
3. 能选择正确的仪器对硫酸锌口服溶液进行硫酸盐检查操作。
4. 能选择正确的仪器对硫酸锌口服溶液进行 pH 检查。
5. 能选择正确的仪器对硫酸锌口服溶液进行含量测定。
6. 能解决质量检查中的常见问题。
7. 能正确清场和填写检查记录。

● **素养目标**

1. 养成药品质量检查严谨细致、认真负责的职业态度。
2. 培养爱岗敬业、精益求精的职业精神。
3. 树立爱护环境、绿色发展的环保意识。

>>>> 知识导图

　　请扫描二维码了解本项目主要内容。

知识导图:
硫酸锌口
服溶液质
量检查

任务 9.1　质量分析

PPT:
质量分析
（硫酸锌口
服溶液）

 知识准备

一、口服溶液剂的质量标准

口服溶液剂是指原料药物溶解于适宜溶剂中制成的供口服的澄清液体制剂。口服溶液剂除符合药品质量标准（见任务 6.1 相关内容）外，还应在生产与贮藏期间符合规定。例如，附加剂品种与用量应符合国家标准的有关规定；在制剂确定处方时，如需加入抑菌剂，该处方的抑菌效力应符合抑菌效力检查法（通则 1121）的规定；制剂应稳定、无刺激性，不得有发霉、酸败、变色、异物、产生气体或其他变质现象；应避光、密封贮存且进行相应装量差异检查和微生物限度检查。

授课视频:
质量分析
（硫酸锌口
服溶液）

二、口服溶液剂的外观性状

硫酸锌口服溶液为无色至淡黄色或淡黄绿色液体；味香甜，略涩。

 任务实施

一、制剂鉴别

制剂鉴别操作要点见表 9-1。

表 9-1　制剂鉴别操作要点

序号	步骤	操作要点	示意图
1	供试品处理	取规格 10 ml 的硫酸锌口服溶液 5 支放入烧杯，摇匀，静置	供试品处理

267

续表

序号	步骤	操作要点	示意图
2	锌盐鉴别	① 取供试品溶液,加亚铁氰化钾试液,即生成白色沉淀;分离,沉淀在稀盐酸中不溶解 ② 取供试品制成中性或碱性溶液,加硫化钠试液,即生成白色沉淀	锌盐鉴别
3	硫酸盐鉴别	① 取供试品溶液,滴加氯化钡试液,即生成白色沉淀;分离,沉淀在盐酸或硝酸中均不溶解 ② 取供试品溶液,滴加醋酸铅试液,即生成白色沉淀;分离,沉淀在醋酸铵试液或氢氧化钠试液中溶解 ③ 取供试品溶液,加盐酸,不生成白色沉淀(与硫代硫酸盐区别)	硫酸盐鉴别

二、pH 检查

pH 检查操作要点见表 9-2。

表 9-2　pH 检查操作要点

序号	步骤	操作要点	示意图
1	样品处理	取规格 10 ml 的硫酸锌口服溶液 5 支放入烧杯,摇匀,静置	取样
2	pH 检查	配制邻苯二甲酸盐标准缓冲溶液校正 pH 测量仪。配制方法:精密称取在 115 ℃ ± 5 ℃干燥 2~3 h 的邻苯二甲酸氢钾 10.21 g,加水使溶解并稀释至 1 000 ml。使用 pH 测量仪测得的 pH 应为 2.5~4.5	pH 检查

三、含量测定

含量测定操作要点见表 9-3。

表 9-3　含量测定操作要点

序号	步骤	操作要点	示意图
1	样品处理	取规格 10 ml 的硫酸锌口服溶液 20 支,混合搅拌均匀	 供试品处理
2	含量测定	精密量取本品 100 ml(约相当于硫酸锌 0.2 g),加氨 – 氯化铵缓冲溶液(pH 10.0)10 ml,加氟化铵 1 g 与铬黑 T 指示剂少许,用乙二胺四乙酸二钠滴定液(0.05 mol/L)滴定至溶液由暗紫红色转变为暗绿色并持续 1 min 不褪。每 1 ml 乙二胺四乙酸二钠滴定液(0.05 mol/L)相当于 14.38 mg 的 $ZnSO_4 \cdot 7H_2O$	 含量测定

 任务考核

一、考核要求

1. 在线测试(5 min)

请扫描二维码完成在线测试。

2. 实践考核(60 min)

以角色扮演法进行考核,要求在规定时间内完成硫酸锌口服溶液的质量检查。

(1) 场景设置　应至少设有检测室或实验室 1 间,配套烧杯、试管和滴定管等必要的玻璃仪器,清洁器具和废弃物桶等。

(2) 其他要求　考核时应提前穿戴洁净服或工作服,考核过程中应按照操作要点规范操作,及时如实填写检查记录等。

在线测试:
质量分析
(硫酸锌口
服溶液)

二、评分标准

质量分析评分标准见表9-4。

表9-4 质量分析评分标准

序号	考试内容	分值/分	评分要点	考生扣分	备注
1	制剂鉴别	30	① 检查操作间温度、相对湿度(5分) ② 正确选择玻璃器具(5分) ③ 正确选择试剂(5分) ④ 加入试液用量准确(5分) ⑤ 操作和标准规程一致(10分)		
2	pH检查	25	① 正确进行pH检测仪的校正(10分) ② 正确进行称量(3分) ③ 正确配制试剂(5分) ④ 加入试液用量准确(2分) ⑤ 操作和标准规程一致(5分)		
3	含量测定	25	① 正确选择天平精密度(2分) ② 正确量取药品溶液(3分) ③ 加入试液用量准确(5分) ④ 正确进行滴定操作(10分) ⑤ 操作和标准规程一致(5分)		
4	清场	10	① 正确收集检查中的残留液体(3分) ② 正确清洗玻璃仪器(3分) ③ 相应试液等归位置(2分) ④ 正确清洁操作台面(2分)		
5	检查记录	10	① 如实及时记录检查结果(4分) ② 正确计算含量(4分) ③ 正确填写清场记录(2分)		
岗位总分					

PPT：
质量检查
操作（硫
酸锌口服
溶液）

授课视频：
质量检查
操作（硫
酸锌口服
溶液）

任务9.2 质量检查操作

知识准备

▶▶▶ 口服溶液剂的质量检查项目

口服溶液剂系指原料药物溶解于适宜溶剂中制成的供口服的澄清液体制剂。《中国药典》(2020年版)对硫酸锌口服溶液质量作了如下规定。

1. 性状

本品为无色至淡黄色或淡黄绿色液体；味香甜，略涩。

2. pH 检查

pH 应为 2.5~4.5。

3. 装量检查

单剂量包装的口服溶液剂的装量，应符合《中国药典》（2020 年版）相关规定。

4. 微生物限度检查

照非无菌产品微生物限度检查：微生物计数法（通则 1105）和控制菌检查法（通则 1106）检查，应符合规定。

收集 10 批次口服溶液各 100 ml，进行外观检查、装量检查、pH 检查，以及微生物限度检查。

任务实施

一、外观检查

1. 检查前准备

外观检查前准备见表 9–5。

表 9–5　外观检查前准备

序号	步骤	操作要点	示意图
1	着装	根据生产区域或检测室环境要求，规范着装	着装要求
2	更换标识	更换设备状态标识为"运行"	设备状态卡 运行 "运行"状态标识

续表

序号	步骤	操作要点	示意图
3	进行检查复核	查验请验单,核对待检样品的名称、数量、规格、请验部门等信息	<table><tr><td>品名</td><td></td><td>预定取样日期</td><td></td></tr><tr><td>规格</td><td></td><td>批号</td><td></td></tr><tr><td>批量</td><td></td><td>取样量</td><td></td></tr><tr><td>取样地点</td><td></td><td>请验部门</td><td></td></tr><tr><td>检验要求</td><td colspan="3">按标准 □　　按有关参数 □　　只出数据,不列 □</td></tr><tr><td>报告送达方式</td><td colspan="3">自取 □　　QA发放 □　　　　代寄 □</td></tr><tr><td>预约出具报告日期及报告单数</td><td colspan="3"></td></tr><tr><td>样品处理</td><td colspan="3">残次领回 □　　消耗不退 □　　用于留样 □</td></tr><tr><td>请验人</td><td></td><td>请验日期</td><td></td></tr></table> 请验单

2. 检查过程

外观检查操作要点见表9-6。

表9-6　外观检查操作要点

序号	步骤	操作要点	示意图
1	检查玻璃瓶的外观质量	① 将瓶身破裂、药液浑浊的半成品剔除,放入盛装废品的容器内。 ② 将瓶身有疤、脱模的半成品剔除,放入盛装不良品的容器内	玻璃瓶外观质量检查
2	检查封口质量	① 用三指竖立逆时针转动瓶盖不应松动 ② 剔除封盖松动、未密封、胶塞缩进或断裂、瓶盖轧歪的半成品,放入盛装不良品的容器内	封口质量检查
3	检查药液澄明度	人工灯检:操作人员落座于灯检机前,按灯检机操作规程进行操作,进行外观、锁口、澄明度检查。按直、横、倒三步法旋转检视。供试品溶液中有大量气泡产生影响观察时,需静置足够时间至气泡消失后检查。手持容器颈部,轻轻旋转和翻转容器(但应避免产生气泡),使药液中可能存在的可见异物悬浮,分别在黑色和白色背景下目视检查,重复观察,总检查时限为20 s	人工灯检

续表

序号	步骤	操作要点	示意图
4	结果判断	① 观察药液澄明度,含有中药的制剂允许有轻摇易散的沉淀,不得有变色、霉变等现象。将检出药液内带有玻屑、纤维、毛点块的不良品放入盛装不良品的容器内 ② 遇到有黑点或带色异物难以分辨时,应在贴有白纸板的一侧进行检查,并将有黑点或带色异物的半成品剔除,放入盛装不良品的容器内	剔除不良品
5	注意事项	① 产品灭菌后,应待其冷却至室温,方可进行灯检 ② 操作人员在暗室进行灯检时应集中注意力,检查时不得用力摇晃或敲打药液瓶。工作人员在操作 2 h 后,应关闭室内照明灯,闭目休息 20 min,以保证用眼健康、恢复视力 ③ 每批产品灯检结束,应关闭伞棚灯电源并填写使用记录	

3. 清场过程

外观检查岗位清场操作要点见表 9-7。

表 9-7　外观检查岗位清场操作要点

序号	步骤	操作要点	示意图
1	关闭灯检机	关闭灯检机,关闭电源	灯检机
2	清洁	清除灯检机表面残留药品;清洁工作台面。目检清洗后的灯检机表面,应无任何污渍、纤维、色斑、残余物料等。若目检不符合要求,须重新清洁	清洁状态卡 **已清洁** 清洁日期:　年　月　日　时 有效期至:　年　月　日　时 "已清洁"状态标识
3	更换标识	① 更换设备状态标识为"已清洁" ② 更换房间状态标识为"已清场"	

二、装量检查

1. 检查前准备

装量检查前准备同外观检查前准备,见表 9-5。

2. 检查过程

装量检查操作要点见表 9-8。

273

表9-8 装量检查操作要点

序号	步骤	操作要点	示意图
1	装量检查	取供试品 10 支,将内容物分别倒入经标化的量入式量筒内,检视,每支装量与标示装量相比较,均不得少于其标示量	量入式量筒检视
2	最低装量检查	取供试品 5 个(50 ml 以上者 3 个),开启时注意避免损失,将内容物转移至预经标化的干燥量入式量筒中(量具的大小应使待测体积至少占其额定体积的 40%),黏稠液体倾出后,除另有规定外,将容器倒置 15 min,尽量倾净。2 ml 及以下者用预经标化的干燥量入式注射器抽尽。读出每个容器内容物的装量,并求其平均装量,均应符合有关规定。如有 1 个容器装量不符合规定,则另取 5 个(50 ml 以上者 3 个)复试,应全部符合规定	口服液装量要求

口服液装量要求表:

标示装量	口服液体	
	平均装量	每个容器装量
20 ml 及以下	不少于标示装量	不少于标示装量的93%
20 ml 至 50 ml	不少于标示装量	不少于标示装量的95%
50 ml 以上	不少于标示装量	不少于标示装量的97%

3. 清场过程

装量检查岗位清场操作要点见表9-9。

表9-9 装量检查岗位清场操作要点

序号	步骤	操作要点	示意图
1	清洁	① 清洁量筒,清洁后量筒内壁附着的水既不聚成水滴,也不成股流下 ② 清洁工作台面,目检已清洁的台面,应无任何污渍、纤维、色斑、残余物料、液体等。若目检不符合要求,须重新清洁	清洁量筒
2	清洁评价	用清洁的白布擦抹,无不洁痕迹	清洁状态卡 已清洁 清洁日期: 年 月 日 时 有效期至: 年 月 日 时 "已清洁"状态标识
3	更换标识	① 更换设备状态标识为"已清洁" ② 更换房间状态标识为"已清场"	

三、pH 检查

1. 检查前准备

pH 检查前准备同外观检查前准备,见表 9-5。

2. 检查过程

本书以 PHS-3C 型数显酸度计为例,pH 检查操作要点见表 9-10。

表 9-10　pH 检查操作要点

序号	步骤	操作要点	示意图
1	仪器准备	① 仪器各功能键应能正常工作,各紧固件无松动 ② 玻璃电极应完好,内参比电极应浸入 3 mol/L 氯化钾溶液中,电极插头应清洁、干燥 ③ 使用前须将 pH 玻璃电极放入水或弱酸性溶液中充分浸泡(一般浸泡 24 h 左右) ④ 检查仪器校验标识,确认仪器处于校验周期内 ⑤ 检查上次仪器设备使用记录填写的仪器状态,确认仪器处于正常状态 ⑥ 按照说明书配制标准缓冲溶液	PHS-3C 型数显酸度计 标准缓冲溶液
2	开机	① 仪器供电电源为交流电,交流电源插头的位置在仪器的左后面,把仪器的电源三芯插头插在 220 V 交流电源上,打开电源开关,预热半小时 ② 将多功能电极架插入多功能电极架插座中,将 pH 复合电极安装在电极架上,将 pH 复合电极下端的电极保护套取下 ③ 用纯化水清洗电极,再用滤纸吸干,排去球泡内的空气(用手握住电极帽,使球泡部向下,另一只手轻轻弹击电极管,空气即上升)	开机预热 准备 pH 复合电极

续表

序号	步骤	操作要点	示意图
2	开机		 清洗复合电极
3	标定	① 打开电源开关,按"pH/mV"转换键,使仪器进入 pH 测量状态 ② 按"温度"键,使仪器进入溶液温度调节状态(此时显示温度单位℃),按"△"键或"▽"键调节温度显示值,使温度显示值和溶液温度(一般为室温)一致,然后按"确认"键,仪器确认溶液温度值后回到 pH 测量状态(温度设置键在 mV 测量状态下不起作用) ③ 选择至少两种相差约 3 个 pH 单位的标准缓冲溶液进行校准,使供试品溶液的 pH 处于两者之间 ④ 选取与供试品溶液 pH 较接近(一般不超过 3 个 pH 单位)的第一种标准缓冲溶液对仪器进行定位。将用纯化水清洗过的电极插入选择的第一种标准缓冲溶液中,待读数稳定后按"定位"键,仪器显示实测的 pH,按"△"键或"▽"调节 pH,使之与标准缓冲溶液的表中数值相符,按"确认"键,仪器进入 pH 测量状态,pH 指示灯停止闪烁	调 pH/mV 模式 调温度 标准缓冲溶液 定位

续表

序号	步骤	操作要点	示意图
3	标定	⑤ 仪器定位后,用第二种标准缓冲溶液核对仪器显示值,待读数稳定后按"斜率"键,误差应不大于 ±0.02 pH 单位。若大于此偏差,则应小心调节斜率,使显示值与第二种标准缓冲溶液的表中数值相符。重复上述定位与斜率调节操作,至仪器显示值与标准缓冲溶液的规定数值相差不大于 0.02 pH 单位。按"确认"键,仪器进入 pH 测量状态,pH 指示灯停止闪烁,标定完成 ⑥ 用蒸馏水清洗电极后擦干	调斜率 清洗擦干电极
4	测量 pH	① 用纯化水清洗电极头部,再用被测溶液清洗一次 ② 把电极浸入被测溶液中,用玻棒搅拌溶液,使溶液均匀,在显示屏上读出溶液的 pH ③ 测定结束后,用纯化水清洗电极,并装入保护套内,做好仪器清洁,填写仪器设备使用记录	清洗电极 测量 pH 测定结束

续表

序号	步骤	操作要点	示意图
5	注意事项	① 电极在测量前必须用已知 pH 的标准缓冲溶液进行标定。标定的缓冲溶液一般第一次用 pH 6.86 的溶液,第二次用接近被测溶液 pH 的缓冲溶液,如被测溶液为酸性,缓冲溶液应选 pH 4.00 的溶液;如被测溶液为碱性,则选 pH 9.18 的缓冲溶液。一般情况下,在 24 h 内仪器不需要再标定 ② 在每次标定或测量后进行下一次操作前,应该用纯化水或去离子水充分清洗电极,用滤纸吸干,再用被测溶液清洗一次电极 ③ 取下电极保护套时,应避免电极的敏感玻璃泡与硬物接触,因为任何破损或擦毛都可能使电极失效 ④ 测量结束,及时将电极保护套套上,电极保护套内应放 3 mol/L 氯化钾溶液,以保持电极球泡的湿润,切忌浸泡在纯化水中 ⑤ 复合电极的补充液为 3 mol/L 氯化钾溶液,可以从电极上端小孔加入,不使用时,盖上橡皮塞,防止补充液干涸 ⑥ 暂定 3 mol/L 氯化钾溶液更换周期为一周一次。使用前应查看 3 mol/L 氯化钾溶液状态,若有析出、长菌等异常,应及时更换 ⑦ 电极应避免长期浸在纯化水、蛋白质溶液和酸性氟化物溶液中 ⑧ 电极应避免与有机硅油接触 ⑨ 电极经长期使用后,如发现斜率降低,应及时更换 ⑩ 仪器出现故障时,请立即告知仪器维护专员,由专员维修	

3. 清场过程

pH 检查岗位清场操作要点见表 9-11。

表 9-11 pH 检查岗位清场操作要点

序号	步骤	操作要点	示意图
1	关闭电源	测定结束后,关闭仪器背面电源开关。	关闭电源开关
2	清洁	测定结束后,用纯化水清洗电极,并装入保护套内,做好仪器清洁,并填写仪器设备使用记录	○ 清洁状态卡 清洁中
3	清洁评价	用清洁的白布擦抹,无不洁痕迹	"清洁中"状态标识

续表

序号	步骤	操作要点	示意图
4	更换标识	① 更换设备状态标识为"已清洁" ② 更换房间状态标识为"已清场"	**清洁状态卡** **已清洁** 清洁日期：　年　月　日　时 有效期至：　年　月　日　时 "已清洁"状态标识

四、微生物限度检查

1. 检查前准备

微生物限度检查前准备见表 9-12。

表 9-12　微生物限度检查前准备

序号	步骤	操作要点	示意图
1	着装	根据生产区域或检测室环境要求，规范着装。微生物限度检查应在环境洁净度为 D 级以下的局部洁净度在 B 级的单向流空气区域内进行，检验全过程必须严格遵守无菌操作，防止再污染。阳性菌的操作应在符合要求的独立环境中进行，以免污染环境和操作人员	 微生物限度检查着装
2	更换标识	① 更换房间状态标识 ② 更换设备状态标识为"运行"	**设备状态卡** **运行** "运行"状态标识
3	进行检查复核	查验请验单，核对待检样品的名称、数量、规格、请验部门等信息	请验单

279

2. 检查过程

(1) 微生物计数检查　操作要点见表 9-13。

表 9-13　微生物计数检查操作要点

序号	步骤	操作要点	示意图
1	试验准备	培养基、菌液制备及方法适用性检查	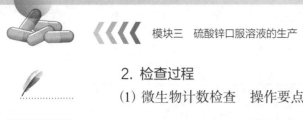 培养基制备
2	超净工作台准备	至少提前 30 min 打开超净工作台的紫外灯照射消毒，处理净化工作区内工作台表面积累的微生物，30 min 后，关闭紫外灯，开启送风机，开始操作。使用以清洁液浸湿的纱布擦拭台面，然后用消毒剂擦拭消毒	超净工作台准备
3	供试液制备	量取 10 ml 供试品（至少开启 2 个独立包装单位），置 100 ml pH 7.0 的无菌氯化钠-蛋白胨缓冲溶液中，溶解，混匀，即成 1∶10 的供试液	注意事项：取样勺不要碰到瓶子的外表面，手套不要接触到检验样品。 供试液制备
4	供试液稀释	用 1 ml 灭菌刻度吸管吸取 1∶10 均匀供试液 1 ml，加入已装有 9 ml 灭菌稀释剂的试管中，混匀即成 1∶100 的供试液（如需要继续稀释，以此类推）	供试液稀释
5	注平板和阴性对照	① 吸取 1∶10 供试液 1 ml 至直径为 90 mm 的无菌平皿中，每一稀释级、每种培养基至少注 2 个平板，注平板时将 1 ml 供试液慢慢全部注入平皿中，管内无残留液体，防止反流到吸管尖端部。更换刻度吸管，取 1∶100 供试液依法操作，一般取适宜的连续 2 个稀释级的供试液 ② 用吸管吸取稀释剂 1 ml，分别注入 4 个平皿中。其中 2 个作为需氧菌阴性对照；另 2 个作为霉菌和酵母菌阴性对照	供试液注平板

续表

序号	步骤	操作要点	示意图
6	倒培养基	取出冷至约 45 ℃的胰酪大豆胨琼脂培养基和沙氏葡萄糖琼脂培养基,每个平皿倾注 15~20 ml,以顺时针或逆时针方向快速旋转平皿,使供试液或稀释液与培养基混匀,置操作台上待冷凝	倒培养基
7	培养	将已经凝固的平板倒置,胰酪大豆胨琼脂培养基放入 30~35 ℃ 培养箱中培养 3~5 天,沙氏葡萄糖琼脂培养基放入 20~25 ℃ 培养箱中培养 5~7 天	恒温培养
8	观察	观察菌落生长情况,点计平板上生长的所有菌落数。菌落蔓延生长成片的平板不宜计数	观察菌落
9	计算并报告	点计菌落数后,计算各稀释级供试液的平均菌落数,按菌数报告规则报告菌数。若同稀释级两个平板的菌落数平均值不小于 15,则两个平板的菌落数不能相差 1 倍或以上。需氧菌总数测定宜选取平均菌落数小于 300 cfu 的稀释级,霉菌和酵母菌总数测定宜选取平均菌落数小于 100 cfu 的稀释级,作为菌数报告的依据。取最高的平均菌落数,计算 1 g 供试品中所含的微生物数,取 4 位有效数字报告。如各稀释级的平板均无菌落生长,或仅最低稀释级的平板有菌落生长,但平均菌落数小于 1,则以<1 乘以最低稀释倍数的值报告菌数	 口服液微生物计数检查限度 (10^1 cfu 表示可接受的最大菌数为 20;10^2 cfu 表示可接受的最大菌数为 200;10^3 cfu 表示可接受的最大菌数为 2 000,以此类推)
10	结果判定	需氧菌总数、霉菌和酵母菌总数不超过规定的限度	

表（项目9计算并报告栏内示意图）：

给药途径	需氧菌总数/(cfu·g^{-1})	霉菌和酵母菌总数/(cfu·g^{-1})	控制菌
口服固体制剂	10^3	10^2	不得检出大肠埃希菌(1 g或1 ml);含脏器提取物的制剂还不得检出沙门菌(10 g或10 ml)

（2）控制菌检查(大肠埃希菌的检查)　操作要点见表 9–14。

表 9-14　控制菌检查操作要点

序号	步骤	操作要点	示意图
1	试验准备	培养基、菌液制备及方法适用性检查	培养基制备
2	超净工作台准备	至少提前 30 min 打开超净工作台的紫外灯照射消毒,处理净化工作区内工作台表面积累的微生物,30 min 后,关闭紫外灯,开启送风机,开始操作。使用以清洁液浸湿的纱布擦拭台面,然后用消毒剂擦拭消毒	超净工作台准备
3	供试液制备	量取 10 ml 供试品(至少开启 2 个独立包装单位),置 100 ml pH 7.0 的无菌氯化钠-蛋白胨缓冲溶液中,溶解,混匀,即成 1∶10 的供试液	注意事项:取样勺不要碰到瓶子的外表面,手套不要接触到检验样品。供试液制备
4	增菌培养	取 1∶10 的供试液 10 ml,接种至 90 ml 的胰酪大豆胨液体培养基中做增菌培养,混匀,在 30~35 ℃培养 18~24 h	增菌培养
5	分离培养	取上述预培养物 1 ml,接种至 100 ml 麦康凯液体培养基中,在 42~44 ℃培养 24~48 h。取麦康凯液体培养物划线接种于麦康凯琼脂培养基平板上,在 30~35 ℃培养 18~72 h	分离培养

续表

序号	步骤	操作要点	示意图
6	阴性对照	取 10 ml pH 7.0 的无菌氯化钠-蛋白胨缓冲溶液,接种至 90 ml 的胰酪大豆胨液体培养基中,混匀,作为阴性对照,在 30~35 ℃培养 18~24 h。阴性对照试验的结果应无菌生长	阴性对照
7	阳性对照	取 1∶10 的供试液 10 ml,接种至 90 ml 的胰酪大豆胨液体培养基中,混匀,移入阳性接种间,加入不大于 100 cfu 的阳性对照菌,作为阳性对照。阳性对照试验应呈阳性	阳性对照
8	结果判断	如麦康凯琼脂培养基平板上有菌落生长,应进行分离、纯化及适宜的鉴定试验,确证是否为大肠埃希菌;如麦康凯琼脂培养基平板上没有菌落生长,或有菌落生长但鉴定结果为阴性,判供试品未检出大肠埃希菌	结果判断

3. 清场过程

微生物限度检查岗位清场操作要点见表 9-15。

表 9-15　微生物限度检查岗位清场操作要点

序号	步骤	操作要点	示意图
1	清洁	清洁时,先用毛刷刷去洁净工作区的杂物和浮尘,再用细软布擦拭工作台表面污迹、污垢,目测无清洁剂残留后,用洁净抹布擦干。用纱布浸 75% 乙醇将紫外灯表面擦干净,保持表面清洁,否则会影响杀菌能力。清洁后,设备内、外表面应该光亮整洁,没有污迹。打开超净工作台的紫外灯照射消毒不少于 30 min,处理净化工作区内工作台表面积累的微生物,30 min 后,关闭紫外灯,开启送风机,结束操作	超净工作台的清洁和消毒

续表

序号	步骤	操作要点	示意图
2	清洁评价	应进行 GMP 环境监测。悬浮粒子、沉降菌、浮游菌等符合相应洁净度等级要求	清洁评价
3	更换标识	① 更换设备状态标识为"已清洁" ② 更换房间状态标识为"已清场"	○ 清洁状态卡 **已清洁** 清洁日期：　年　月　日　时 有效期至：　年　月　日　时 "已清洁"状态标识

五、质检岗位检查记录填写

1. 填写要求

质检岗位记录由岗位操作人员填写，再由岗位负责人或有关规定人员复核签字。填写内容应真实，字迹工整、清晰，不允许用铅笔填写，且要求用笔颜色保持一致。批生产记录不能随意更改或销毁，若确实因填错需更改，务必在更改处画一横线后，将正确内容填写在旁边，并签字标明日期。

考核时为确保考评公平公正，原则上不允许岗位操作人员填写真实姓名，应填写准考证号或考试代号等。

2. 记录样例

（1）灯检工序记录样例（人工灯检）　见表9-16。

表9-16　灯检工序记录样例

产品名称：	产品规格：	产品批号：	检查日期：　年　月　日
操作要点： 1. 复核清场：确认无上一批产品遗留 2. 同一工作室只能灯检一种产品或一个批号的产品 3. 每班生产前检查光照度，使光照度在 1 000~1 500 lx 4. 班组长对每人每批检品进行逐盘随机抽查、监控 5. QA 人员抽查可见异物合格后挂绿牌，不合格品挂红牌			

生产前确认	是否清场合格[　　]	能否进行生产[　　]	确认人	

续表

灯检人	灯检盘数/盘	灯检总数/支	灯检合格总数/支	不合格品总数/支	不合格品类别数/支							灯检台编号	光照度/lx
					玻屑	纤维	点子	检漏	颜色	装量	其他		
总计												—	—

灯检　　　室		灯检开始时间			灯检结束时间	

$$灯检平衡率(98.0\%\sim102.0\%)=\frac{灯检合格数+不合格数}{灯检总数}\times100\%=\underline{\qquad}\times100\%=\underline{\quad}\%$$

$$灯检合格率(94.0\%\sim100.0\%)=\frac{灯检合格数}{灯检总数}\times100\%=\underline{\qquad}\times100\%=\underline{\quad}\%$$

判定：　　有无偏差 [　　　]

质量检查记录

灯检人	抽检数量/支	内部质量检查/支					结果判定	抽检数量/支	外观质量检查/支				结果判定
		玻屑	纤维	点子	浑浊	其他			泡头	凹头	焦头	其他	
							是否符合要求 [　　]						
							是否符合要求 [　　]						
							是否符合要求 [　　]						
							是否符合要求 [　　]						是否符合要求 [　　]
							是否符合要求 [　　]						
							是否符合要求 [　　]						
							是否符合要求 [　　]						
							是否符合要求 [　　]						

颜色(抽检 2 支)	是否符合要求 [　　]	装量(抽检 2 支)		是否符合要求 [　　]
灯检台编号		光照度/lx		
小组质量员：	QA 人员总抽检			
	结论：		抽检人：	

工序负责人		工艺员	

备注与偏差描述：

填表说明：

1. 能或是或有偏差在相应"[   ]"内打"√"；否或不能或无偏差在相应"[   ]"内打"×"
2. 无内容填写时，一律用"—"表示
3. 如有偏差，执行偏差处理程序

（2）装量检查记录样例　见表9-17。

表9-17　装量检查记录样例

产品名称：		产品规格：		产品批号：		检查日期：	年　　月　　日

操作要点：

1. 复核清场：确认无上一批产品遗留
2. 同一工作室只能检查一种产品或一个批号的产品
3. 班组长对每人每批检品进行逐盘随机抽查、监控
4. QA人员抽查合格后挂绿牌，不合格品挂红牌

生产前确认	是否清场合格[　　]	能否进行生产[　　]	确认人
装量单位	ml/瓶	装量标准	不少于标示量
检查人	抽检编号	抽检装量/ml	是否合格品
总计			

装量检查　　　　室	装量检查开始时间		装量检查结束时间	
小组质量员：	QA人员总抽检			
	结论：		抽检人：	
工序负责人		工艺员	

（3）pH检查记录样例（pH计）　见表9-18。

表 9-18　pH 检查记录样例

产品名称：		产品规格：			检查日期：	年　　月　　日	

操作要点：

1. 确认 pH 计和电极完整、清洁
2. 确认标准缓冲溶液有效
3. 班组长对每人每批检品进行逐盘随机抽查、监控
4. QA 人员抽查 pH 检查符合规定挂绿牌，pH 检查不符合规定挂红牌

生产前确认	设备是否完整清洁［　　］ 标准缓冲溶液是否有效［　　］				确认人	
	仪器上一次使用情况［□正常　□不正常］ 能否进行生产［　　］					
仪器型号		仪器编号		相对湿度		温度　　　　℃
标准缓冲溶液名称	pH	标准缓冲溶液名称			pH	
pH 计校准人		时间		pH 计校准复核人		时间

质量检查记录

样品名称	批号(或批号范围)	检测时间	检测人	标准规定	检测结果	结果判定
						是否符合要求［　　］
						是否符合要求［　　］
						是否符合要求［　　］
						是否符合要求［　　］
						是否符合要求［　　］
抽检样品名称	抽检批号	检测时间	检测人	标准规定	检测结果	结果判定
						是否符合要求［　　］
						是否符合要求［　　］
小组质量员：		QA 人员总抽检				
		结论：		抽检人：		
工序负责人			工艺员			

备注与偏差描述：

填表说明：

1. 能或是在相应"［　　］"或"□"内打"√"；否或不能在相应"［　　］"或"□"内打"×"
2. 无内容填写时，一律用"—"表示

复核人：　　　　　　　　　　　　　　　　　　　　　　检验人：

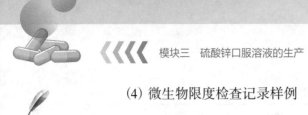

（4）微生物限度检查记录样例　见表9–19。

表9–19　微生物限度检查记录样例

检查日期	年　　月　　日				报告日期			年　　月　　日		
检品名称					生产厂家					
检品规格					生产批号					
检品数量					包装和外观					
检查依据	《中国药典》(2020年版)四部通则1105					检查方法		平皿法		
	需氧菌总数检查(30~35 ℃,3~5天)胰酪大豆胨琼脂培养基(配制批号：　　)					霉菌、酵母菌总数检查(20~25 ℃,5~7天)胰酪大豆胨琼脂培养基(配制批号：　　)				
	培养结果									
培养时间	10⁻¹		10⁻²		10⁻³		阴性对照	10⁻¹	10⁻²	10⁻³	阴性对照

培养时间	10^{-1}		10^{-2}		10^{-3}		阴性对照		10^{-1}		10^{-2}		10^{-3}		阴性对照	
	皿1	皿2	皿1	皿2	皿1	皿2	皿1	皿2	皿1	皿2	皿1	皿2	皿1	皿2	皿1	皿2
1天																
2天																
3天																
4天																
5天																
6天																
7天																
均值																
结果	cfu/ml（规定≤200 cfu/ml）								cfu/ml（规定≤20 cfu/ml）							
结论	按《中国药典》(2020年版)四部通则1105检查,结果： □符合规定　　　　□不符合规定															

（5）大肠埃希菌检查记录样例　见表 9-20。

表 9-20　大肠埃希菌检查记录样例

	胰酪大豆胨培养基（配制批号：　　）增菌培养（30~35 ℃,18~24 h）	麦康凯液体培养基（配制批号：　　）增菌培养（42~44 ℃,24~48 h）	麦康凯液体培养基（配制批号：　　）增菌培养（30~35 ℃,18~72 h）
供试品			
阴性对照			
阳性对照			
结果	□检出大肠埃希菌　　□未检出大肠埃希菌（规定:不得检出/ml）		
结论	按《中国药典》（2020 年版）四部通则 1106 检验,结果: □符合规定　　　　□不符合规定		

检验人：　　　　　　　　　　　　　　　　　　　　复核人：

 **任务考核**

一、考核要求

1. 在线测试（5 min）

请扫描二维码完成在线测试。

2. 实践考核（40 min）

以角色扮演法进行分组考核,要求在规定时间内完成硫酸锌口服溶液的质量检查操作（外观、装量、pH 检查）,并填写批检验记录。

（1）分组要求　每组 2 人,1 人扮演考评员,1 人扮演岗位操作人员。

（2）场景设置　质检室或生产设备旁边的在线质量检验台。

（3）其他要求　考核过程中应按照操作要点规范操作,及时如实填写检验记录等。

在线测试:质量检查操作(硫酸锌口服溶液)

二、评分标准

质量检查操作评分标准见表 9-21。

表 9-21　质量检查操作评分标准

序号	项目	考试内容	分值/分	评分要点	考生得分	备注
1	外观检查	生产前准备	4	①更换房间状态标识(2分) ②更换设备状态标识(2分)		

续表

序号	项目	考试内容	分值/分	评分要点	考生得分	备注
1	外观检查	检测	12	① 瓶身检查正确(2分) ② 瓶盖检查正确(2分) ③ 药液澄明度检查:每次检查手持供试品数量(10 ml 以下每次手持 2 支/瓶)和姿势正确(2分) 　供试品选用背景,衬底(黑、白两色)正确(2分) 　供试品旋转和翻转速度(不得产生气泡)规范(2分) 　供试品检查时间(每次不得少于 20 s)正确(2分)		
		清场	4	① 关闭电源,操作正确(2分) ② 正确选用抹布并正确清洁仪器与台面(1分) ③ 正确更换标识(1分)		
		记录	10	① 及时如实填写记录(4分) ② 合格与不合格品放回指定位置(6分)		
2	装量检查	生产前准备	4	① 更换房间状态标识(2分) ② 更换设备状态标识(2分)		
		检测	12	① 开启时注意避免损失(2分) ② 将内容物转移至预经标化的干燥量入式量筒中:供试品无损失(2分) ③ 量具的大小应使待测体积至少占其额定体积的40%(2分) ④ 黏稠液体倾出后,将容器倒置 15 min,应倾净(2分) ⑤ 2 ml 及以下者用预经标化的干燥量入式注射器,应抽尽(2分) ⑥ 数据读取准确(2分)		
		清场	4	① 关闭电源、清洗量筒(2分) ② 用抹布清洁仪器表面与台面(2分)		
		记录	10	① 及时如实填写记录(4分) ② 能对结果进行正确判定(6分)		
3	pH检查	生产前准备	4	① 更换房间状态标识(2分) ② 更换设备状态标识(2分)		

续表

序号	项目	考试内容	分值/分	评分要点	考生得分	备注
3	pH检查	检测	22	① 标准缓冲溶液选择正确(至少两种缓冲溶液相差约 3 个 pH 单位,供试品溶液的 pH 处于两者之间)(4 分) ② 用第一种标准缓冲溶液对仪器进行定位操作正确(4 分) ③ 用第二种标准缓冲溶液核对仪器显示值,调斜率(4 分) ④ 完成后用蒸馏水清洗电极(4 分) ⑤ 用供试品溶液清洗电极(4 分) ⑥ 测定供试品溶液 pH 操作规范且记录填写正确、规范、真实(2 分) ⑦ 不将电极作为搅拌棒使用,若测量过程中损坏电极,本项不得分		
		清场	4	① 清洁操作台面(2 分) ② 清洁 pH 计表面、pH 电极(2 分)		
		记录	10	① 及时如实填写记录(4 分) ② 能对结果进行正确判定(6 分)		
岗位总分						

附录 《中国药典》(2020 年版)中片剂和口服液相关质量要求

▶▶▶《中国药典》(2020 年版)中片剂相关质量要求(通则 0101)

片剂在生产与贮藏期间应符合下列规定。

一、原料药物与辅料应混合均匀。含药量小或含毒、剧药的片剂,应根据原料药物的性质采用适宜方法使其分散均匀。

二、凡属挥发性或对光、热不稳定的原料药物,在制片过程中应采取遮光、避热等适宜方法,以避免成分损失或失效。

三、压片前的物料、颗粒或半成品应控制水分,以适应制片工艺的需要,防止片剂在贮存期间发霉、变质。

四、片剂通常采用湿法制粒压片、干法制粒压片和粉末直接压片。干法制粒压片和粉末直接压片可避免引入水分,适合对湿热不稳定的药物的片剂制备。

五、根据依从性需要,片剂中可加入矫味剂、芳香剂和着色剂等,一般指含片、口腔贴片、咀嚼片、分散片、泡腾片、口崩片等。

六、为增加稳定性、掩盖原料药物不良臭味、改善片剂外观等,可对制成的药片包糖衣或薄膜衣。对一些遇胃液易破坏、刺激胃黏膜或需要在肠道内释放的口服药片,可包肠溶衣。必要时,薄膜包衣片剂应检查残留溶剂。

七、片剂外观应完整光洁,色泽均匀,有适宜的硬度和耐磨性,以免包装、运输过程中发生磨损或破碎,除另有规定外,非包衣片应符合片剂脆碎度检查法(通则 0923)的要求。

八、片剂的微生物限度应符合要求。

九、根据原料药物和制剂的特性,除来源于动、植物多组分且难以建立测定方法的片剂外,溶出度、释放度、含量均匀度等应符合要求。

十、片剂应注意贮存环境中温度、湿度以及光照的影响,除另有规定外,片剂应密封贮存。生物制品原液、半成品和成品的生产及质量控制应符合相关品种要求。

▶▶▶《中国药典》(2020 年版)中口服液相关质量要求(通则 0123)

口服溶液剂系指原料药物溶解于适宜溶剂中制成的供口服的澄清液体制剂。

口服混悬剂系指难溶性固体原料药物分散在液体介质中制成的供口服的混悬液

体制剂。也包括浓混悬剂或干混悬剂。非难溶性药物也可以根据临床需求制备成干混悬剂。

口服乳剂系指用两种互不相溶的液体将药物制成的供口服等胃肠道给药的水包油型液体制剂。

用适宜的量具以小体积或以滴计量的口服溶液剂、口服混悬剂或口服乳剂称为滴剂。

口服溶液剂、口服混悬剂和口服乳剂在生产与贮藏期间应符合下列规定。

一、口服溶液剂的溶剂、口服混悬剂的分散介质一般用水。

二、根据需要可加入适宜的附加剂，如抑菌剂、分散剂、助悬剂、增稠剂、助溶剂、润湿剂、缓冲剂、乳化剂、稳定剂、矫味剂以及色素等，其品种与用量应符合国家标准的有关规定。其附加剂品种与用量应符合国家标准的有关规定。

三、除另有规定外，在制剂确定处方时，如需加入抑菌剂，该处方的抑菌效力应符合抑菌效力检查法（通则 1121）的规定。

四、口服溶液剂通常采用溶剂法或稀释法制备；口服乳剂通常采用乳化法制备；口服混悬剂通常采用分散法制备。

五、制剂应稳定、无刺激性，不得有发霉、酸败、变色、异物、产生气体或其他变质现象。

六、口服乳剂的外观应呈均匀的乳白色，以半径为 10 cm 的离心机每分钟 4 000 转的转速（约 1 800 × g）离心 15 min，不应有分层现象。乳剂可能会出现相分离的现象，但经振摇应易再分散。

七、口服混悬剂应分散均匀，放置后若有沉淀物，经振摇应易再分散。

八、除另有规定外，应避光、密封贮存。

九、口服滴剂包装内一般应附有滴管和吸球或其他量具。

十、口服混悬剂在标签上应注明"用前摇匀"；以滴计量的滴剂在标签上要标明每毫升或每克液体制剂相当的滴数。

参考文献

［1］国家药典委员会.中华人民共和国药典:2020年版[M].北京:中国医药科技出版社,2020.

［2］王孝涛,王振宇,左艇,等.药物制剂工[M].北京:中国医药科技出版社,2019.

［3］丁立,郭幼红.药物制剂技术[M].北京:高等教育出版社,2021.

［4］杨宗发,庞心宇,蒋猛.常用制药设备使用与维护[M].北京:高等教育出版社,2021.

［5］何小荣,顾勤兰.药品GMP车间实训教程:上册[M].北京:中国医药科技出版社,2018.

［6］黄家利.药品GMP车间实训教程:下册[M].北京:中国医药科技出版社,2018.

郑重声明

高等教育出版社依法对本书享有专有出版权。任何未经许可的复制、销售行为均违反《中华人民共和国著作权法》，其行为人将承担相应的民事责任和行政责任；构成犯罪的，将被依法追究刑事责任。为了维护市场秩序，保护读者的合法权益，避免读者误用盗版书造成不良后果，我社将配合行政执法部门和司法机关对违法犯罪的单位和个人进行严厉打击。社会各界人士如发现上述侵权行为，希望及时举报，我社将奖励举报有功人员。

反盗版举报电话　　（010）58581999　58582371
反盗版举报邮箱　　dd@hep.com.cn
通信地址　北京市西城区德外大街 4 号　高等教育出版社法律事务部
邮政编码　100120

读者意见反馈

为收集对教材的意见建议，进一步完善教材编写并做好服务工作，读者可将对本教材的意见建议通过如下渠道反馈至我社。

咨询电话　400-810-0598
反馈邮箱　gjdzfwb@pub.hep.cn
通信地址　北京市朝阳区惠新东街 4 号富盛大厦 1 座
　　　　　高等教育出版社总编辑办公室
邮政编码　100029

责任编辑：吴静

高等教育出版社　高等职业教育出版事业部　综合分社
地　　　址：北京市朝阳区惠新东街4号富盛大厦1座19层
邮　　　编：100029
联系电话：（010）58556233
E-mail：wujing@hep.com.cn
QQ：147236495
高教社高职医药卫生教师QQ群：191320409　　　　　　　　（申请配套教学课件请联系责任编辑）